# 中国石墨烯
# 农业科技创新与推广

ZHONGGUO SHIMOXI NONGYE KEJI
CHUANGXIN YU TUIGUANG

南京国家现代农业产业科技创新中心
江苏省现代农业科技产业研究会　组编
江苏中农创石墨烯研究院

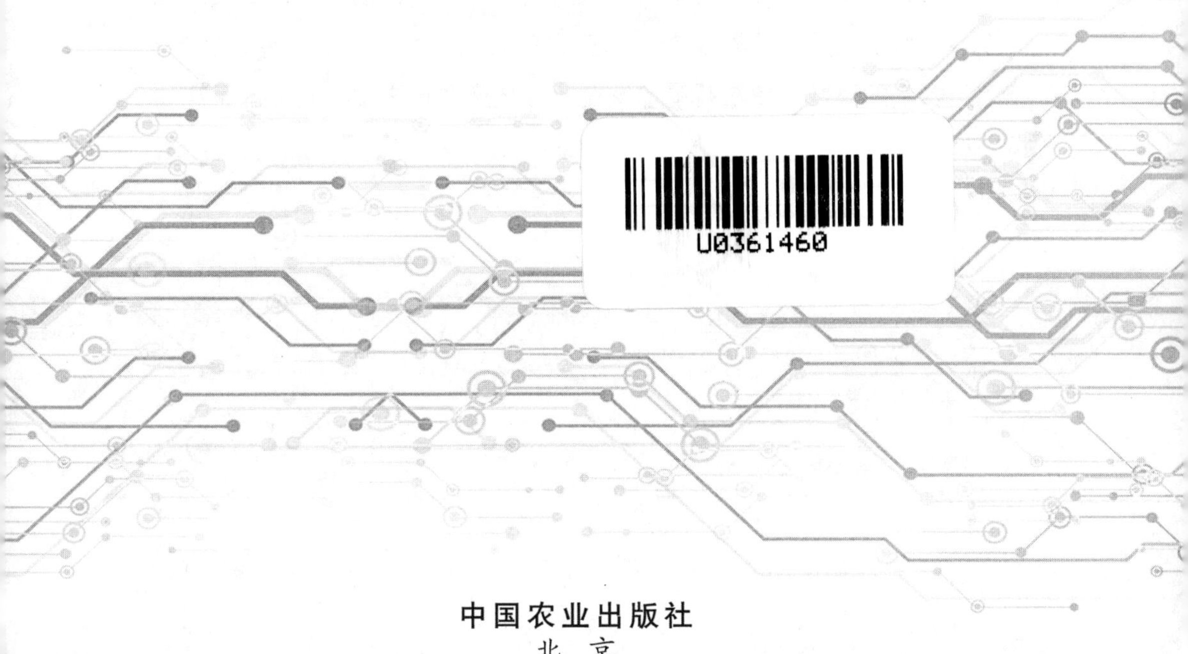



中国农业出版社
北　京

## 内容简介

本书由国内石墨烯领域和农业领域顶级专家指导，众多专家、教授、行业资深人员共同执笔，是国内第一本关于石墨烯农业科技创新领域的书籍。全书共分为6章，包括石墨烯简介、全球石墨烯产业发展概况等，重点介绍了石墨烯电热膜在农业上的应用、石墨烯纳米材料在农业上的应用、石墨烯在现代农业上的应用，并分析了我国石墨烯农业科技产业发展对策。

本书力求集科普性、科学性、实用性为一体，通俗易懂，供政府相关人员、科研人员、石墨烯企业、农业企业和农民等人员参考、宣传、使用，以期加快推进我国石墨烯农业新科技产业化进程，响应国家高质量发展战略，为助力乡村振兴做出贡献。

# 编写人员


**主　编**　吴沛良

**副主编**　李　刚　葛自强　魏　琨

**参　编**　（以姓氏笔画为序）

王　健　李文虎　沈健民　张　铭

赵吉宽　徐　良　郭世荣　萧小月

蔺洪振　瞿　研

**合作单位**

江南石墨烯研究院

江苏绿港现代农业发展股份有限公司

江苏省设施农业装备行业协会

南京源昌新材料有限公司

江苏农林职业技术学院

江苏农牧科技职业学院

苏州农业职业技术学院

# 序　言

石墨烯是目前世界上已知最薄、最轻、最坚硬、导电性和导热性最好的材料，号称“新材料之王”，是新一轮科技革命和产业变革的重要抓手，在新能源、电子信息、航天航空、生物医药等领域具有广阔的应用前景。以石墨烯为代表的新材料产业必将成为未来高新技术产业发展的基石和先导，对全球经济、科技、环境等各个领域发展产生深刻影响。

在新材料领域，石墨烯已逐步成为新一代涂料、橡胶及塑料等产品制作的重要“性能优化剂”，全方位提升传统产品的功能特性。石墨烯新材料的应用研发方兴未艾，在新能源领域，美国麻省理工学院研制出石墨烯基柔性光伏电池板，可有效降低制造透明可变形太阳能电池的成本。石墨烯导电添加剂有望解决新能源汽车电池的容量不足以及充电时间长的问题，加速新能源电池产业的发展。

在电子信息领域，石墨烯可用于制造触控屏、太阳能电池、传感器、新一代芯片等。作为轻质高强材料，石墨烯可用于制造超轻型飞机和武器装备。美国航空航天局已开发出应用于航天领域的石墨烯微型传感器，能很好地检测地球高空大气层的微量元素以及航天器上的结构性缺陷。欧美等国家相继研发出石墨烯高频电子器件、光电探测器、光调制器等电子和光电子产品。

在生物医学领域，石墨烯或氧化石墨烯可应用于临床医学影像、人体支架和药物载体。石墨烯还可以用于各种各样的传感器中，如氧化石墨烯表面含有丰富的官能团，可以促进成骨细胞黏附、增殖以及诱导人间充质干细胞分化为成骨细胞，成为制作生物传感器的优良材料。

在环保领域，石墨烯作为新型吸附材料，在环境水体和土壤中重金属污染的修复、大气污染治理等方面具有较大的应用潜力。对土壤中的铅和镉等重金属，污水中的有机染料、油等有机物和抗生素，大气中的粉尘和有害气体等具有良好的吸附作用。

我国石墨烯产业起步与发达国家几乎同步，得益于国家对发展新材料的重视。这些年我国石墨烯产业发展很快，石墨烯相关企业已超过2万家。目前国内市场上的石墨烯产品主要集中在三大品类上：一是石墨烯大健康和电热产品，如电热服和电暖画；二是石墨烯改性电池；三是防腐涂料。这三大品类占据石墨烯产品的近90%，但它们未必是未来的主导应用。从某种意义上讲，我们的关注点与国外不在一个频道上，国外更多关注的未来型技术研发，石墨烯传感器和探测器、石墨烯可穿戴技术、石墨烯微波通信器件、石墨烯复合材料、石墨烯海水淡化技术等，这些应用或许更能代表石墨烯产业的未来。

当前，石墨烯作为一种新材料，许多应用还在研发之中，远谈不上成熟。从如何做材料、做好材料以及如何把材料从实验室样品变成工程化、规模化的产品，包括怎么用好石墨烯等方方面面都需要研发。因此，发展石墨烯产业绝非是一朝一夕的事情，需要国家支持，产、学、研有效结合和长期不懈的努力，政府需要耐心，企业需要耐心，研究人员更需要耐心，需要大家协同创新。石墨烯产业须有“杀手锏”级的应用，我们要在这方面下足功夫，推动传统产业升级换代，乃至创造全新的产业，而石墨烯农业产业将大有可为。

我国是农业大国，将石墨烯应用于农业领域不仅有宽广的应用场景，而且有广阔的市场前景。石墨烯采暖作为一种全新采暖方式，已开始应用于蔬菜大棚、花卉栽培、农林育苗、土壤保温、雏鸡孵化、特种水产养殖等产业。国内外研究表明，土壤中适当添加石墨烯材料，能够促进作物对营养元素、水分的吸收，提高作物根系活力和根际土壤酶活性，有利于种子萌发及幼苗生长，从而提高作物产量及品质。石墨烯或氧化石墨烯的光热性可防治日出性害虫，相关光催化性能有助于农药残留的降解。石墨烯材料构建的电化学发光免疫传感器在动物疫病检测中也具有应用潜力，这些领域都值得科研人员深入探索。

农业现代化关键要靠科技现代化，农业增产、增效和农民增收迫切需要颠覆性的科技创新，实现农业新的突破。习近平总书记多次强调“关键核心技术是要不来、买不来、讨不来的”。新形势下，构建以国内大循环为主体、国内国际双循环相互促进的新发展格局，必须以关键核心技术自主攻关为根本支撑，占据全球产业链、供应链的最高端。随着石墨烯研发的不断深化，在农业应用领域将更加广阔，希望社会各界能够一起参与到石墨烯农业科技产业的开拓上来，努力在石墨烯农业科技领域突破一批关键技术，抢占科技制高点，为全面提高我国现代农业的国际竞争力做出应有贡献。

北京大学教授<br>
中国科学院院士　刘忠范<br>
北京石墨烯研究院院长

# 前言

当前，全球新一轮农业科技革命正在发生，生物技术、信息技术、材料技术等领域成果不断涌现，由此引发的产业变革加速推进。习近平总书记指出，“国家现代化离不开农业农村现代化，农业农村现代化关键在科技、在人才。”“让农业插上科技的翅膀。”当前，我国现代农业发展已进入科技创新引领的新阶段，更加需要依靠科技实现创新驱动。面对新形势、新任务、新要求，要进一步加强农业与科技融合，不断释放创新活力，为农业现代化提供新动能。

石墨烯是人类已知强度最高、质量最小、韧性最强、透光率最好、导电导热性最佳的材料，被誉为21世纪最具颠覆性的“新材料之王”。近年来，我国石墨烯的研发应用成效显著，已在能源、生物技术、复合材料、电子和网络技术、航空航天等领域展现出广阔的应用前景，并逐渐延伸到农业领域，如温室大棚、工厂化畜禽养殖、雏鸡孵化、特种水产反季节养殖等方面。

石墨烯是发明时间较短的高科技新材料，国内外在农业领域的研发刚刚起步，国内只有少数科研院校在研究，更是缺乏专业的参考书籍。因此，编者通过课题研究、市场调查、实地考察、专家座谈等形式，广泛收集、整理石墨烯相关资料，并与农业农村部、中国农业科学院联合举办石墨烯农业科技创新高峰论坛，探讨石墨烯研究进展和产业现状，最终编写此书。

本书由南京国家现代农业产业科技创新中心、江苏省现代农业科技产业研究会、江苏中农创石墨烯研究院共同组编，与江南石墨烯研究院、江苏绿港现代农业发展股份有限公司、江苏省设施农业装备行业协会、南京源昌新材料有限公司、江苏农林职业技术学院、江苏农牧科技职业学院、苏州农业职业技术学院联合编写。本书由石墨烯农业科技创新的发起者、推动者吴沛良担任主编，由李刚、葛自强、魏琨担任副主编，李文虎、赵吉宽、张铭、萧小月、蔺洪振、郭世荣、瞿研、沈健民、徐良、王健担任参编。

本书由北京大学教授、中国科学院院士、北京石墨烯研究院院长刘忠范亲笔作序，在此深表感谢！

由于编者水平和经验有限，书中不妥之处在所难免，敬请读者批评指正。

编　者

2021年6月

# 目 录

序言
前言

第一章　石墨烯简介 …… 1
第一节　发现石墨烯 …… 1
一、石墨烯的基本概念 …… 1
二、石墨烯的主要分类 …… 2
第二节　认识石墨烯 …… 3
一、石墨烯的主要特性 …… 3
二、石墨烯的制备方法 …… 4
第三节　石墨烯重点应用领域 …… 6
一、新材料领域 …… 7
二、能源领域 …… 8
三、电子领域 …… 9
四、生物医学领域 …… 9
五、环境保护领域 …… 10
六、大健康领域 …… 11

第二章　全球石墨烯产业发展概况 …… 12
第一节　国外石墨烯产业发展概况 …… 12

一、国外石墨烯产业研发概况 …… 12
二、国外石墨烯产业发展特点 …… 13
三、国外石墨烯产业发展经验启示 …… 14
第二节　我国石墨烯产业发展现状与特点 …… 15
一、领导高度重视 …… 15
二、政策支持力度大 …… 16
三、基础研究与应用研发国际领先 …… 20
四、产业布局多点开花 …… 23
五、我国石墨烯产业发展分析 …… 24

**第三章　石墨烯电热膜在农业上的应用 …… 28**

第一节　石墨烯电热膜发热原理与特性 …… 28
一、石墨烯电热膜发热原理 …… 28
二、石墨烯电热膜发热特性 …… 29
第二节　石墨烯电热膜在设施种植中的应用 …… 31
一、我国设施农业发展现状 …… 31
二、设施农业采暖保温问题 …… 32
三、石墨烯电热膜在设施种植中的应用 …… 34
第三节　石墨烯电热膜在设施养殖中的应用 …… 38
一、石墨烯电热膜在畜禽养殖中的应用 …… 38
二、石墨烯电热膜在水产养殖中的应用 …… 40
第四节　石墨烯电热膜在粮食烘干上的应用 …… 41
一、传统热风干燥和远红外干燥技术原理对比 …… 43
二、远红外粮食干燥技术研究进展 …… 44
三、石墨烯远红外粮食干燥设备 …… 46

**第四章　石墨烯纳米材料在农业上的应用 …… 48**

第一节　石墨烯纳米材料在种子、种苗生长中的应用 …… 48

一、石墨烯添加剂对种子、种苗生长的影响研究 …… 48
二、石墨烯复合材料在种子、种苗生长中的应用 …… 50
第二节 石墨烯纳米材料在肥料、农药上的应用 …… 51
一、石墨烯在高效纳米肥料上的应用 …… 52
二、石墨烯在提高植物抗逆性上的应用 …… 55
三、石墨烯在高效纳米农药上的应用 …… 56
第三节 石墨烯纳米材料在养殖业上的应用 …… 59
一、石墨烯在畜禽水产养殖业上的应用 …… 59
二、石墨烯在养蚕业上的应用 …… 59
第四节 石墨烯纳米材料在农业面源污染防治中的应用 …… 60
一、农业面源污染概念 …… 60
二、石墨烯在污染水体净化中的应用 …… 61

**第五章 石墨烯在现代农业上的应用分析 …… 64**

第一节 我国现代农业发展现状与趋势 …… 64
一、现代农业与农业现代化 …… 64
二、现代农业发展趋势分析 …… 66
第二节 我国现代农业发展面临的挑战 …… 67
一、粮食安全和资源环境面临双重压力 …… 67
二、设施农业迫切需要提档升级 …… 68
三、养殖业提质增效迫在眉睫 …… 68
四、种子、种苗优质高产技术研究空间较大 …… 69
五、科技创新引领不足，农业经济效益不高 …… 69
第三节 石墨烯在农业领域研发应用分析 …… 70
一、石墨烯农业应用必要性分析 …… 70
二、石墨烯农业应用限制因素分析 …… 72
三、石墨烯农业应用产业化前景分析 …… 74

第六章　我国石墨烯农业科技产业发展对策 …… 78
第一节　发展思路与目标 …… 78
一、发展思路 …… 78
二、发展目标 …… 78
三、重点方向 …… 79
第二节　对策措施和政策建议 …… 81
一、加强顶层设计，统筹区域发展 …… 81
二、培育龙头企业，引领市场开发 …… 82
三、成立产业联盟，促进产研融合 …… 83
四、培育新型主体，加速成果转化 …… 83
五、强化人才队伍，培育创新团队 …… 84
六、加强政策扶持，推进研发与应用进程 …… 85
七、加强宣传培训，营造石墨烯农业新科技氛围 …… 85

参考文献 …… 87

附录　江苏省石墨烯农业科技推广联盟介绍 …… 95
一、联盟简介 …… 95
二、联盟重大活动 …… 97
三、联盟会员单位介绍 …… 99

# 第一章

# 石墨烯简介

## 第一节　发现石墨烯

### 一、石墨烯的基本概念

碳元素广泛存在于自然界，是人类接触和利用得最早的元素之一，其多样的结构形态和独特的物理化学性质随着人类科技的进步而逐渐被发现和利用。可以说，碳材料的发展史也是一部人类技术革命史。在20世纪以前，人们普遍认为碳元素只有两种晶体结构的同素异形体，即石墨和金刚石。虽然这两种晶态单质碳的结构、外观、密度、熔点等大不相同，但其发展应用都取得了巨大成功，如石墨作为负极材料应用在商品化的锂离子电池，金刚石则在尖端工业广泛应用。20世纪80年代，随着纳米概念的兴起以及纳米技术的发展，碳的新型同素异形体不断被发现，富勒烯和碳纳米管的发现打破了人们对碳单质结构形态的传统认知。克罗托（Kroto）等科学家在1985年发现了零维的碳纳米材料——富勒烯 $C_{60}$，这类物质由碳一种元素组成，以球状、椭圆状或管状结构存在。这一发现开启了碳纳米材料研究的序幕，Kroto等人也因此获得了1996年的诺贝尔化学奖。1991年，日本科学家饭岛澄男（Sumio lijima）利用透射电镜发现了一维的碳纳米管。碳纳米管是由呈六边形排列的碳原子构成数层到数十层的同轴圆管。层与层之间保持固定的距离，约0.341 nm，直径一般为2～20 nm。碳纳米管作为一维纳米材料，质量小，六边形结构连接完美，具有许多异常的力学、电学和化学性能。它的硬度与金刚石相当，却拥有良好的柔韧性，可以拉伸，被称为“超级纤维”。2004 年，英国曼彻斯特大学物理学家安德烈·海姆（Andre Geim）和康斯坦丁·诺沃肖洛夫（Konstantin Novoselov），用透明胶带剥离法成功从石墨中剥离出单层石墨烯并揭示了其物理特性，并因此两人共同获得 2010 年诺贝尔物理学奖。至此，零维的富勒烯、一维的碳纳米管、二维的石墨烯和三维的石墨，组成了完整的碳材料体系。2010 年，我国科学家李玉良院士带领团队通过化学合成的方法，首次在全球成功合成出新的碳纳米材料——石墨炔，开辟了碳材料研究新领域，也再一次掀起碳纳米材料研究热潮。

石墨烯（Graphene）是由单层碳原子层构成的蜂窝状晶格二维原子晶体。单层石墨烯厚度仅为 0.335 nm，是目前世界上最薄却也是最坚硬的纳米材料，具有超高的机械强度、良好的导电导热性能、高光学透明度和超强导电性等优异性能，在材料学、微纳加工、能源、生物医学和药物传递等方面具有重要的潜在应用前景，被誉为 21 世纪最具颠覆性的“新材料之王”。

## 二、石墨烯的主要分类

石墨烯按层数可分为单层石墨烯、双层石墨烯、少层石墨烯和多层石墨烯。高品质的单层石墨烯，主要应用在军工、分离膜和光伏等高技术产业；双层石墨烯具备光电子应用和未来微处理器应用的巨大潜力；少层石墨烯主要应用在锂离子电池、超级电容器等能量存储领域；多层石墨烯则在塑料、橡胶、摩擦等传统增强材料领域中广泛应用。因此，在实际应用中，石墨烯这一概念被用来泛指包括单层石墨烯、双层石墨烯、少层石墨烯和多层石墨烯（<10 层）等在内的一类材料，有时甚至>10 层的超薄石墨烯也被涵盖在内。另外，含氧、氮等杂原子的石墨烯衍射物，含有大量孔洞和 $sp^3$ 碳原子缺陷的石墨烯碎片，以及不满足准无限大条件的石墨烯纳米带和石墨烯量子点等也被归类于石墨烯。为了区别于狭义的单层石墨烯，广义的石墨烯又常被称为“石墨烯材料”。

按照石墨烯被功能化的形式分类，常见的有氧化石墨烯、氢化石墨烯、氟化石墨烯等，其中氧化石墨烯最为常见，在全球市场中份额最高。氧化石墨烯是石墨烯的一种氧化形式，以粉末形式存在，具有高拉伸强度、高弹性、良好的导电性等特性，从而在很多领域都有很重要的应用，如医药、生物传感器、动物疾病检测、高分子材料、电子材料和纳米滤膜等。其次是石墨烯纳米片（GNP），由单层碳原子平面结构石墨烯堆垛而成，厚度多在 2～5 nm。其他类型的石墨烯还有碳化硅石墨烯、还原氧化石墨烯（RGO）等，每一种类型都有不同的特点和用途。

按石墨烯市场产品形态分类，石墨烯主要分为粉体和薄膜两种。石墨烯粉体主要作为添加剂使用，根据添加的比例及添加的场所不同，可产生不同的新材料应用效果，用在复合材料、散热导热、导电油墨、储能、海水淡化、防腐材料等方面。石墨烯薄膜则主要适合用于手机触摸屏、家装采暖、智能穿戴等方面。

## 第二节 认识石墨烯

### 一、石墨烯的主要特性

因具有独特的单原子层二维晶体结构，石墨烯集多种优异特性于一身，是目前世界上最薄、最坚硬、导电性最好的纳米材料。

结构及特性：石墨烯的 C—C 键长度大约为 0.142 nm，石墨烯厚度最薄，单层石墨烯的厚度既是一个碳原子的厚度，约 0.335 nm，是头发丝的二十万分之一；石墨烯比表面积最大，约为 2 630 $m^2/g$，远高于普通活性炭的 1 500 $m^2/g$，4 g 石墨烯薄膜可铺满一个足球场。

力学特性：石墨烯是迄今为止硬度最高的物质，比莫氏硬度 10 级的金刚石还高，断裂强度是钢的 200 倍，是当代最坚固的材料。同时又拥有很好的韧性，可以弯曲。

电学特性：石墨烯在室温下的载流子迁移率约为 15 000 $cm^2$/(V·s)，达光速的 1/300，是硅材料的 10 倍。

热学特性：单层石墨烯在室温下热导率达到 5 300 W/(m·K)，远高于碳纳米管等其他碳材料，远高于银、铜、金、铝等导热系数高的金属。

光学特性：石墨烯具有非常良好的光学特性，只吸收约 2.3%的可见光，透光率高达 97.7%。在一定厚度范围内，随着石墨烯层数的增加，厚度每增加一层，吸收率增加 2.3%。大面积的石墨烯薄膜同样具有优异的光学性质，其光学性质与面积大小没有关系，随厚度的改变而发生变化。

## 二、石墨烯的制备方法

石墨烯的制备方法可分为自上而下和自下而上两类。自上而下的方法通常以石墨为起始材料，通过克服石墨层与层之间的范德华力将其剥离成单层或少层石墨烯，剥离工艺包括机械（如透明胶带）、化学（溶液剥离，氧化石墨的剥离/还原等）或电化学（氧化/还原）等；通过化学或热途径打开碳纳米管来制备石墨烯纳米带也属于一种自上而下的方法。自下而上的方法则是借助催化［例如：化学气相沉积法（CVD）］，热解（例如：碳化硅分解）或有机合成过程将小的分子结构单元组装成单层或几层石墨烯结构。

虽然理想的单层石墨烯具有优异的特性，但其批量化生产和加工仍面临巨大的挑战。例如胶带剥离法，效率低，很难大规模使用；CVD 法能够可控地生成高质量石墨烯，但成本高昂，难以实现大面积石墨烯薄膜的生长。溶液剥离法得到的通常是单层石墨烯与少层石墨烯的混合物，平均层数越少，生产成本越高。基于溶液剥离法和石墨氧化-剥离-还原法批量制备石墨烯材料的工艺正在日益成熟。氧化石墨烯及还原氧化石墨烯是目前应用最广的石墨烯材料，但其生产过程需要用到大量的强氧化物和硫酸，不利于环境保护和石墨烯产业的可持续性发展。另外，还原氧化石墨烯含有较大量的氧化位点和 $sp^3$ 碳原子缺陷，从而使其导电和导热性能都受到了很大限制。不同的石墨烯材料的化学结构存在显著差别，物理化学性质千差万别，应用领域也有很大不同。表 1-1 归纳几类石墨烯材料的优缺点和主要应用。

**表 1-1　常见石墨烯材料的优缺点和主要应用**

| 石墨烯材料 | 制备方法 | 优点 | 缺点 | 主要应用 |
| --- | --- | --- | --- | --- |
| 单层石墨烯/少层石墨烯薄膜 | CVD 法 | 缺陷少，结构可控，透明、导电和导热性高，力学性能好 | 成本高，难以大面积制备，转移步骤烦琐 | 透明导电膜/电热膜、新型微电子器件 |
| 石墨烯粉体/浆料 | 溶液剥离法 | 成本较低，缺陷较少，片径较大 | 单层与少层石墨烯的混合物，分散性差 | 防腐涂料、电热膜、导热/散热膜，电子标签、电磁屏蔽 |
| 氧化石墨烯/还原氧化石墨烯 | 氧化-剥离-还原法 | 成本低，分散性好，易于化学修饰 | 缺陷较多，导电、导热性受限制，制备过程易造成环境污染 | 防腐涂料、电热膜、吸附剂、高分子填料、催化剂载体、载药、化肥增效 |
| 三维石墨烯/生物质石墨烯 | 溶剂热法、模板法、高分子或生物质高温碳化 | 高比表面积、柔韧、弹性 | 制备工艺的可控性差、可重复性差 | 污染物吸附与净化、超级电容器和二次电池 |

（续）

| 石墨烯材料 | 制备方法 | 优点 | 缺点 | 主要应用 |
|---|---|---|---|---|
| 石墨烯量子点 | 化学剥离、有机合成 | 易于分散，易于官能化，光稳定性好 | 生物安全性未知 | 荧光传感、生物成像 |

客观了解常用的石墨烯材料与理想的高质量单层石墨烯之间的差别才能更好地促进石墨烯产业的良性发展。以导电性为例，随着石墨烯片层厚度的增加，石墨烯片的电阻率迅速增加，在片厚度达到 2 nm（相当于约 5 层）时，石墨烯片的电阻率已经与石墨在一个量级了。另外，考虑石墨烯有限的片径大小，在由很多石墨烯片构建成的石墨烯膜中，电子传导过程主要受晶界（即相邻的不同石墨烯片与片之间）电阻的影响，这样的石墨烯膜与无限大的单层石墨烯具有本质上的区别。导热性能具有类似的情况，多层石墨烯与单层石墨烯的导热率有巨大差别。而剥离法得到的多层石墨烯中扭转角度通常是无规则分布的，会造成较大的能垒，不利于热传导过程；热传导过程也同样受到石墨烯片层尺寸和晶界的限制。石墨烯优异的力学性能是针对完整的单层石墨烯而言的，对于很多石墨烯片搭建成的组装体，正如石墨一样，在受外力作用时，虽然每片石墨烯的分子结构都保持稳定，但以范德华力结合在一起的整个组装体却很容易受到破坏。因此，在使用一种石墨烯材料之前，首先要了解它的制备工艺和全面的表征数据（如片径、厚度、含氧量、缺陷密度等）。脱离这些必要的信息，片面地宣传石墨烯的优异性是不严谨的。

## 第三节　石墨烯重点应用领域

石墨烯以其独特的二维蜂窝状碳纳米晶体结构和优异的光电热力等

性能成为新材料领域、能源领域、电子领域、生物医药领域、环境保护领域、大健康领域的研究热点。

## 一、新材料领域

石墨烯具有比表面积大、导热导电性强、化学性能稳定、力学性能优异等优势，已逐步成为新一代涂料、橡胶及塑料等产品制作的重要"性能优化剂"，全方位提高了传统产品的功能化特性。德国巴斯夫公司先后与美国的石墨烯企业沃尔贝克材料公司（Vorbeck Materials）和西班牙的纳米材料公司 Avanzare 一起开发应用于电子行业的石墨烯导电涂料。2013 年，美国 Thermene 公司推出了以石墨烯氧化物为材料的 Thermene 石墨烯导热涂层，可用于 CPU 散热，且价格低廉。2014 年，西班牙 Graphenano 公司宣布推出了名为 Graphenstone 的石墨烯涂料，具有超强特性，可以保护建筑物免受环境伤害。

我国的石墨烯在涂料上研究应用走在世界前列。2015 年，中国石墨烯新型防腐涂料在江苏成功研发，耐腐蚀时长达到 3 000 h，比美国重防腐涂料多 2 000 h，已被应用于海上风电塔筒的防腐；2017 年，中国科学院研发出拥有自主知识产权的新型石墨烯改性重防腐涂料，盐雾寿命超过 6 000 h，处于国际领先水平，该成果已成功应用于国家电网、石油化工、海洋工程与装备等领域。根据济南墨希新材料科技有限公司报道，该公司联合西班牙 Tecgrafeno 和 Graphenano 公司研发出全球首例石墨烯矿物涂料格芬石墨烯矿物涂料，在传统生产工艺基础上，将天然矿物材料与石墨烯结合，生产出新一代高端纳米涂料。与传统涂料相比，该类涂料具有安全环保、防水透气、耐碱、耐污、防火、耐候性佳、不褪色、抗菌防霉、不会造成二次污染等特性。格芬石墨烯矿物涂料中添加的石墨烯纳米纤维，在涂料中形成坚实和牢固的网状架构，同时拥有节能降耗、保温隔热的功能，起到降低噪声的效果。北京石墨烯研究院已将相关技术应用于超级石墨烯玻璃、石墨烯玻璃加热片、柔性锂离子电池、透明柔性石墨烯天线等一系列产品。

石墨烯在大型微波暗室用吸波材料、飞行器与武器平台隐身、轻质复合材料、抗雷达干扰线缆、航空航天热管理系统、飞机轮胎、雷达电磁屏蔽等航空航天领域应用前景广阔。英国曼彻斯特大学石墨烯研究所研究人员发现，在机翼上涂上石墨烯涂层，可防止飞机在高空飞行时由于温度过低导致水汽在飞机上凝结成冰，提升飞行期间的安全系数。

## 二、能源领域

石墨烯凭借质量小、稳定性强、比表面积大等特点，成为新能源电池的研究热点。美国麻省理工学院已成功研制出表面附有石墨烯纳米涂层的柔性光伏电池板，可极大降低制造透明可变形太阳能电池的成本，这种电池可在夜视镜、相机等小型数码设备中应用。另外，石墨烯超级电池的成功研发，也解决了新能源汽车电池的容量不足以及充电时间长的问题，极大加速了新能源电池产业的发展。电池，尤其是新能源汽车动力电池，是石墨烯应用最热的技术领域之一。比亚迪汽车工业有限公司和北京新能源汽车股份有限公司等国内新能源车企，已经在动力电池技术中大规模使用石墨烯导电剂。华为技术有限公司将石墨烯技术应用在手机电池上，提升手机电池的快充和散热功能。2018年3月，中国首条全自动量产石墨烯有机太阳能光电子器件生产线在山东菏泽启动，生产弱光下发电的石墨烯有机太阳能电池。该生产线较好地解决了太阳能电池的气候应用局限、对角度的敏感性和不易造型等难题。

石墨烯对氢气具有极强的吸附能力，若未来引入到氢能源汽车及飞机等交通工具领域，将带来良好的经济、环境、社会效益。此外，石墨烯自身表面的特点及改性功能使其应用于储氢材料的超级电容器方面成为可能。

## 三、电子领域

石墨烯是一种透明的良好的导体材料，适用于光板、触摸屏、太阳能电池、传感器、晶体管等产品的生产以及应用于超轻型飞机材料和航天军工领域。目前，美国航空航天局（NASA）已研发出应用于航天领域的石墨烯材质的微型传感器，能很好地检测地球高空大气层的微量元素以及航天器上的结构性缺陷等。IBM公司在2010年就已宣布将石墨烯晶体管的工作频率提高到了100 GHz，超过同等尺度的硅晶体管。韩国三星公司和成均馆大学的研究人员在一个63 cm宽的柔性透明玻璃纤维聚酯板上，制造出了一块电视机大小的纯石墨烯，并用该石墨烯块制造出了一块柔性触摸屏。欧美等国家相继研发出石墨烯高频电子器件、集成电路、光电探测器、光调制器等电子产品。

随着我国5G手机和基站建设高峰的到来，散热技术面临巨大挑战，散热设计的重要性持续提升。在5G手机和基站散热方案中，石墨烯以其优异的热导率和热辐射系数，迅速成为通信技术中散热材料的佼佼者。2018年，华为实现了手机散热石墨烯膜材的批量生产，华为Mate 20X运用石墨烯散热和其他散热技术组合，其散热能力较上代Mate 10提升约50%，发热点的温度较上代产品下降了3 ℃以上。2020年，华为发布的国内首款5G平板华为MatePad Pro 5G，搭载了超厚3D石墨烯散热技术，总厚度达到400 μm。该技术以石墨烯为原料，采用多层石墨烯堆叠而成的高定向导热膜，具有机械性能好、导热系数高、质量小、材料薄、柔韧性好等特点。

## 四、生物医学领域

氧化石墨烯在生物医学领域的研发应用较多。氧化石墨烯比表面积很大，厚度很小，表面含有各种官能团使其成为制作生物传感器的优良材料。氧化石墨烯由于其特定的光学性质，也广泛应用于临床医学影像等领域。氧化石墨烯的亲水性、柔韧性、生物相容性、导电性使其可负载大量非水溶性药物，这对实现体内药物传递具有显著意义。以氧化石墨烯为基础研制出的药物传递纳米载体，可实现细胞内药物输送。氧化石墨烯还可以作为抗菌材料，对于大肠杆菌的滋生，龋病、牙周炎及种植体周围炎主要致病菌（如链球菌、牙龈卟啉单胞菌、具核梭杆菌等）具有明显的抑制作用，且对人体细胞无害。另外，石墨烯材料具有促进成骨细胞黏附、增殖以及诱导人间充质干细胞分化为成骨细胞的作用。

石墨烯的灵敏性和选择性成为传感器应用的理想材料，包括用于医疗诊断领域。国外研究表明：石墨烯可以自动调节传感器和人体组织之间微妙“接触”水平，从而测量出高质量的电信号。科研人员将石墨烯传感器制成的传感器阵列固定在芯片表面，刻蚀出一个锗金属底层。移除这个底层后，生物传感器阵列就以桶形结构从表面卷起。通过对卷起过程的力学分析，精确控制传感器的形状，以确保传感器与心脏组织之间的接触。可以预测，石墨烯及其衍生物在生物传感器方面应用前景广阔。

## 五、环境保护领域

石墨烯以其层絮状结构、优异特性等特征可作为新型吸附剂材料，在环境水体和土壤中重金属污染的修复、大气污染治理等方面具有较大的应用潜力。研究表明，石墨烯对土壤中的铅和镉等重金属，污水中的有机染料、抗生素以及油等有机物，大气中的粉尘和有害气体等具有良好的吸附作用。

利用石墨烯的抑菌性研制的石墨烯口罩，可以保护呼吸系统。东南大学电子科学与工程学院孙立涛教授带领学生们研发的“石墨烯基口罩”第一批产品于2016年面世，首次将高吸附性功能化石墨烯用于防霾口罩，这种口罩对PM 2.5的去除率高达97.1%。

此外，石墨烯作为过滤器，其功能优于其他海水淡化技术，水环境中的氧化石墨烯薄膜遇水后，形成宽约 0.9 nm 的通道，能有效提升对海水中盐离子的阻隔，以此来达到海水淡化的目的。

## 六、大健康领域

石墨烯发热过程中能产生 8～14 μm 远红外“生命之光”，并能与生物体内细胞分子产生“共振”，从而有效促进细胞更新和血液循环，强化各组织之间的新陈代谢，增加再生能力，提高机体的免疫能力，改善微循环，从而起到远红外理疗保健作用。在石墨烯多种商业应用中，大健康领域的石墨烯远红外发热应用率先实现商业化。大健康领域的石墨烯产品包括石墨烯发热理疗护具、石墨烯智售服饰、石墨烯智能家纺、石墨烯家庭供暖等。

# 全球石墨烯产业发展概况

## 第一节　国外石墨烯产业发展概况

### 一、国外石墨烯产业研发概况

石墨烯自2004年被发现以来，以其优异的材料性能引起了世界各国的高度关注和追捧热潮，数以万计的科研工作人员及产业转化人员投入到石墨烯行业。西方发达国家积极布局，密集发布扶持政策，纷纷设立科学研发基金或建立研究院，资助扶持石墨烯功能器件的研发和产业化应用，大力推进石墨烯商业化发展进程。与此同时，国际大公司中包括国际商业机器公司（IBM）、英特尔公司、陶氏化学公司、通用电气公司、杜邦公司、施乐公司、三星集团、洛克希德·马丁公司、波音公司等科技产业巨头都积极投资石墨烯技术研究与开发。表2-1列出了各国相继对石墨烯技术开发的资金支持和产业方向。

**表2-1　各国石墨烯基础研究的投入情况**

（王庆等，2021. 中国化工信息）

| 国家/区域 | 年份 | 投入资金 | 研究方向 |
| --- | --- | --- | --- |
| 欧盟 | 2013—2023 | 10亿欧元 | 石墨烯和其他二维材料 |
| 韩国 | 2012—2018 | 2.5亿美元 | 石墨烯技术研发和商业化应用研究 |
| 英国 | 2011—2015 | 2.4亿英镑 | 石墨烯研发 |
| 日本 | 2011—2016 | 9亿日元 | 石墨烯及碳纳米管的批量合成 |
| 美国 | 2018—2023 | 30亿美元 | 石墨烯芯片技术 |

目前全球有80多个国家和地区开展了石墨烯相关研究，纷纷出台了产业规划、扶持政策、战略布局，并给予大量资金支持。美国、中国、英国、日本、韩国、欧盟先后从国家层面开展战略部署，出台多项扶持政策和研究计划，处于全球石墨烯技术与产业化前列。

## 二、国外石墨烯产业发展特点

英国作为石墨烯的“诞生地”，在石墨烯的基础研发方面居于世界领先地位。英国政府投入巨资在曼彻斯特大学成立了国家石墨烯研究院及石墨烯工程创新中心，加速石墨烯的基础研究及应用开发。但从事商业开发的石墨烯企业相对较少，在石墨烯的大规模商品化应用方面进展缓慢。

美国对石墨烯的研究投入早，投资大，石墨烯产业化和应用进程相对较快，产业布局也呈现多元化，产业链相对比较完整，基本覆盖了从石墨烯制备及应用研究—石墨烯产品生产—下游应用整个环节。美国不仅拥有IBM、英特尔公司、波音公司等众多研发实力强劲的大型企业，还诞生了众多小型石墨烯企业。2008年美国国防部部署的碳电子射频应用项目总经费2 200万美元，旨在开发超高速和低能量应用的石墨烯基射频器件。2012年，IBM成功研制出首款由石墨烯制成的集成电路，使石墨烯特殊的电学性能彰显出应用前景，成为后硅晶片时代的重要替代材料。另外，美国能源部、国家自然科学基金会、国家航空航天局、国家标准与技术研究院等机构部署相关项目，推动石墨烯纳米传感器、石墨烯复合材料、石墨烯纳米带、石墨烯电子器件和3D打印等技术和产品的研发，实现石墨烯在军事、航天、能源和健康等行业的大规模应用。

欧盟的石墨烯研究起步早且系统性强，并将石墨烯研究提升至战略高度，资金支持力度大，基础研究扎实。2013年，欧盟委员会将“石墨烯旗舰计划”列为首批“未来新兴技术旗舰项目”之一，拟在10年内提供总计10亿欧元的资金支持，旨在把石墨烯和其他二维材料从实验室推向社会应用，以期带动与促进产业革命和经济增长。经过几年的实施，

“石墨烯旗舰计划”取得了丰富的研究成果，涵盖了生物学、摩擦学、传感、光学通信、柔性显示、电化学储能等前沿领域以及复合材料等传统行业。但由于涉足下游应用的企业较少，欧盟石墨烯产业化进程推进较慢。目前欧盟石墨烯产业分布主要集中在德国、法国、西班牙等地，重点在传感器、催化剂、光电显示、半导体器件、储能、集成电路等领域。

韩国石墨烯产业发展的特点是产学研结合紧密，在基础研究及产业化方面发展较为均衡，整体发展速度较快。从政府层面，韩国政府通过提供资金支持、整合研究力量等多方面加大支持力度，2012—2018年，韩国原知识经济部对石墨烯领域提供总额为2.5亿美元的资助，推动石墨烯技术研发和产业化应用研究；从研究层面，韩国成均馆大学、韩国科学技术院等均在石墨烯方面拥有较强的研发实力；从企业层面，韩国主要以三星集团和LG公司为主，其中韩国三星集团投入巨大研发力量，保证了其在石墨烯柔性显示、触摸屏以及芯片等领域的国际领先地位。另外可穿戴设备是韩国石墨烯产业研发的一个重点方向。

日本作为碳材料产业最发达的国家之一，具有良好的碳材料产业基础。日本从2007年起投入资金支持石墨烯研发，包括日本东北大学、东京大学、名古屋大学等多所大学，以及日立、索尼、东芝等众多企业都投入大量资金和人力从事石墨烯的基础研究和应用开发，产学研结合较为紧密，整体发展较为全面。研究重点主要集中在石墨烯薄膜、新能源电池、半导体、复合材料、导电材料等应用领域。

## 三、国外石墨烯产业发展经验启示

通过对英国、美国、欧盟、韩国、日本等国家和地区石墨烯研发与应用现状进行分析，可以看出，政策的引导与支持、重视科技创新推动、重视产业发展的战略性和前瞻性等是发达国家石墨烯产业发展成功的关键因素。早在2001年，美国国家科技委员会制定并启动了“国家纳米技术计划（NNI）”，加强在纳米尺度科学、技术和工程方面的研发工作。此后的20年里，美国国防部（DOD）、能源部（DOE）、国家自然科学基金会（NSF）、国家航空航天局（NASA）等机构均部署了具体项目，开展石墨烯纳米传感器、石墨烯复合材料、石墨烯电子器件等技术和产品的研发，大大加速了石墨烯在军事、航天、能源和健康等行业领域的大规模应用。欧盟在2013年启动“石墨烯旗舰”项目，10年内提供10亿欧元资助石墨烯技术研发；德国于2010年启动了“石墨烯优先研究计划”，前3年预算经费为1 060万欧元。2012—2018年，韩国原知识经济部计划对石墨烯领域提供总额为2.5亿美元的资助，推动石墨烯技术研发和产业化应用研究。除了政府推动外，龙头企业在石墨烯产业发展过程中也发挥了重要作用。从全球看，美国IBM公司、美国纳米技术仪器公司、日本东芝公司、韩国三星集团等不仅石墨烯专利数量多、申请活跃度高，而且在世界其他主要国家都申请了专利保护，为加快石墨烯科技成果转化和产业化进程提供了良好基础。另外，美国、日本、韩国等发达国家更加注重在石墨烯基础理论研究及高端应用方面加强前瞻性布局，如韩国石墨烯产业发展主要围绕三星集团开展，重点选择其擅长的电子器件、光电显示、新能源等领域，加强对石墨烯全产业链的全面布局和保护，确保了韩国的石墨烯产业在全球电子领域的领先地位。

## 第二节　我国石墨烯产业发展现状与特点

### 一、领导高度重视

我国高层领导高度重视石墨烯产业发展。2014年12月，习近平总书记考察江苏省产业技术研究院时就仔细了解了石墨烯产品性能、市场应用、产业前景等，得知这一产品达到国际领先水平，习近平总书记十分高兴，并指出实现我国经济持续健康发展，必须依靠创新驱动。要深入推动科技和经济紧密结合，推动产学研深度融合，实现科技同产业无缝对接，不断提高科技进步对经济增长的贡献度。

2015年10月23日，国家主席习近平参观英国曼彻斯特大学国家石墨烯研究院时指出，在当前新一轮产业升级和科技革命大背景下，新材料产业必将成为未来高新技术产业发展的基石和先导，对全球经济、科技、环境等各个领域发展产生深刻影响。中国是石墨资源大国，也是石墨烯研究和应用开发最活跃的国家之一。中英在石墨烯研究领域完全可以实现“强强联合”。相信双方交流合作将推动相关研究和开发进程，令双方受益。

## 二、政策支持力度大

国家相关机构从新材料产业战略发展的高度陆续制定了一系列的支持政策：2012年2月，工业和信息化部发布《新材料产业“十二五”发展规划》为石墨烯产业明确了发展方向；2014年10月23日，国家发展和改革委员会、财政部、工业和信息化部联合发布了《关键材料升级换代工程实施方案》，石墨烯位列其中；2016年的《国家创新驱动发展战略纲要》、《新材料产业发展指南》、《“十三五”国家科技创新规划》，2017年的《“十三五”材料领域科技创新专项规划》，2018年的《战略性新兴产业分类（2018）》等文件，确立了石墨烯在我国新时代制造业发展中的重要战略地位。2019年12月，工业和信息化部发布的《重点新材料首批次应用示范指导目录（2019年版）》将8种石墨烯材料纳入范围内。我国石墨烯相关政策法规见表2-2。

**表2-2　我国石墨烯相关政策法规**

| 文件名称 | 发文机关 | 发布日期 | 相关内容 |
| --- | --- | --- | --- |
| 《新材料产业“十二五”发展规划》 | 工业和信息化部 | 2012年2月 | 加强纳米技术研究，重点突破纳米材料及制品的制备与应用关键技术，积极开发纳米粉体、纳米碳管、富勒烯、石墨烯等材料，积极推进纳米材料在新能源、节能减排、环境治理、绿色印刷、功能涂层、电子信息和生物医用等领域的研究应用 |

（续）

| 文件名称 | 发文机关 | 发布日期 | 相关内容 |
| --- | --- | --- | --- |
| 《关键材料升级换代工程实施方案》 | 国家发展和改革委员会、财政部、工业和信息化部 | 2014 年 10 月 | 到 2016 年，推动新一代信息技术、节能环保、海洋工程和先进轨道交通装备等产业发展急需的石墨烯等 20 种左右重点新材料实现批量稳定生产和规模应用；支持高性能低成本石墨烯粉体及高性能薄膜实现规模稳定生产，在新型显示、先进电池等领域实现应用示范 |
| 《〈中国制造 2025〉重点领域技术路线图(2015版)》 | 国家制造强国建设战略咨询委员会 | 2015 年 9 月 | 石墨烯材料集多种优异性能于一体，是主导未来高科技竞争的超级材料，广泛应用于电子信息、新能源、航空航天以及柔性电子等领域，可极大推动相关产业的快速发展和升级换代，市场前景巨大，有望催生千亿元规模产业；重点发展电动汽车锂电池用石墨烯基电极材料，海洋工程等用石墨烯基防腐蚀涂料，柔性电子用石墨烯薄膜，光、电领域用石墨烯基高性能热界面材料 |
| 《国家创新驱动发展战略纲要》 | 中共中央、国务院 | 2016 年 5 月 | 发挥纳米、石墨烯等技术对新材料产业发展的引领作用 |
| 《国家发展改革委 工业和信息化部关于实施制造业升级改造重大工程包的通知》 | 国家发展和改革委员会、工业和信息化部 | 2016 年 5 月 | 围绕新材料技术与信息技术、纳米技术、智能技术等融合趋势，重点发展 3D 打印材料、石墨烯、超材料等前沿材料，加快创新成果转化与典型应用 |

（续）

| 文件名称 | 发文机关 | 发布日期 | 相关内容 |
| --- | --- | --- | --- |
| 《“十三五”国家科技创新规划》 | 国务院 | 2016年8月 | 以石墨烯等前沿新材料为突破口，抢占材料前沿制高点；发挥石墨烯等对新材料产业发展的引领作用 |
| 工业强基工程实施指南（2016—2020年） | 工业和信息化部、国家发展和改革委员会、科技部、财政部 | 2016年8月 | 石墨烯“一条龙”应用计划。立足石墨烯材料独特性能，针对国家重大工程和战略性新兴产业发展需要，引导生产、应用企业和终端用户跨行业联合，协同研制并演示验证功能齐备、可靠性好、性价比优的各类石墨烯应用产品 |
| 《建材工业发展规划（2016—2020年）》 | 工业和信息化部 | 2016年9月 | 有20处提到石墨烯，并提出“石墨烯+”的战略。在先进无机非金属材料培育行动中，特别提到鼓励发展石墨烯等前沿材料，重点发展系列化、标准化、低成本化石墨烯粉体材料及其改性材料，低成本石墨烯薄膜及基于石墨烯薄膜的制品 |
| 《新材料产业发展指南》 | 工业和信息化部、国家发展和改革委员会、科技部、财政部 | 2016年12月 | 将在石墨烯等领域，实施前沿新材料先导工程。突破石墨烯材料规模化制备和微纳结构测量表征等共性关键技术，开发大型石墨烯薄膜制备设备及石墨烯材料专用计量、检测仪器，实现对石墨烯层数、尺寸等关键参数的有效控制 |

（续）

| 文件名称 | 发文机关 | 发布日期 | 相关内容 |
| --- | --- | --- | --- |
| 《“十三五”材料领域科技创新专项规划》 | 科技部 | 2017年4月 | 石墨烯碳材料技术。单层薄层石墨烯粉体、高品质大面积石墨烯薄膜工业制备技术，柔性电子器件大面积制备技术，石墨烯粉体高效分散、复合与应用技术，高催化活性纳米碳基材料与应用技术 |
| 《2017年工业转型升级（中国制造2025）资金工作指南》 | 工业和信息化部、财政部 | 2017年5月 | 关键基础材料重点支持石墨烯等新材料。石墨烯微片作为2017年工业强基工程“一揽子”重点突破方向 |
| 《中共中央 国务院关于开展质量提升行动的指导意见》 | 中共中央、国务院 | 2017年9月 | 推动稀土、石墨等特色资源高质化利用，加强石墨烯、智能仿生材料等前沿新材料布局，逐步进入全球高端制造业采购体系 |
| 《增强制造业核心竞争力三年行动计划（2018—2020）》 | 国家发展和改革委员会 | 2017年11月 | 重点发展汽车用超高强钢板、新型稀有稀贵金属材料、石墨烯等产品 |
| 《含有石墨烯材料的产品命名指南》 | 中国石墨烯产业技术创新战略联盟、中关村华清石墨烯产业技术创新联盟 | 2018年6月 | 规定了石墨烯材料相关新产品的命名方法，对石墨烯产品的分类、命名原则及方法进行了详细规定 |

（续）

| 文件名称 | 发文机关 | 发布日期 | 相关内容 |
| --- | --- | --- | --- |
| 《建材工业鼓励推广应用的技术和产品目录（2018—2019年本）》 | 工业和信息化部 | 2018年6月 | 有1项涉及石墨烯，即石墨烯改性导静电轮胎 |
| 《战略性新兴产业分类（2018）》 | 国家统计局 | 2018年11月 | 包括新一代信息技术产业、新材料产业、节能环保产业、数字创意产业、相关服务业等9大领域，石墨烯粉体、石墨烯薄膜入选 |
| 《重点新材料首批次应用示范指导目录(2019年版)》 | 工业和信息化部 | 2019年12月 | 重点支持前沿新材料，包括石墨烯改性防腐涂料、石墨烯改性润滑材料、石墨烯散热材料、石墨烯发热膜、石墨烯导热复合材料、石墨烯改性无纺布、石墨烯改性电池、石墨烯改性发泡材料 |

## 三、基础研究与应用研发国际领先

国家大力支持石墨烯基础研究，国家自然科学基金委员会早期投入4亿多元进行基础理论研究，促进了我国石墨烯技术的共性、基础性课题研究和工艺工程发展，为我国石墨烯产业化发展打下了良好基础。从2011年开始，我国在石墨烯领域发表的文章数量在全球一直处于领先地位，占比超过全球的1/3，南京大学、东南大学、中国科学院等一批科研院所发表了大量的石墨烯研究论文。2020年，我国石墨烯专利申请数量全球第一，达6 714件，约占全球的70%。其中，石墨烯应用领域专利 5 086 件，专利申请量较多的主要有复合材料（催化剂、导电/导热材料、吸波材料等）以及新能源电池（锂离子电池、超级电容器、太阳能电池等）。但是，我国石墨烯专利总体质量水平还有待提高，国际专利数量相对较少。

我国石墨烯企业成长起步于 2010 年，开始阶段发展较为平稳，从 2015 年起，石墨烯企业数量开始呈现爆发式增长。至 2018 年，我国石墨烯企业数量已经达到 5 800 多家，截至 2020 年 7 月，我国石墨烯相关企业共有 20 740 家。在地方政府的支持下，上海、深圳、常州、青岛、天津、重庆、西安等地区相继建立了石墨烯产业园以及创新中心。目前已建成 30 个石墨烯产业园，应用领域覆盖防腐涂料、热管理材料、储能、电子显示、大健康等多个领域。产品主要集中在三大应用上：一是石墨烯大健康和电热产品，如电热服和电暖画；二是石墨烯改性电池；三是防腐涂料，占据石墨烯产品总数的近 90%。我国部分石墨烯企业及应用成果见表 2－3。

**表 2－3　我国部分石墨烯企业及应用成果**

| 企业 | 应用成果 |
| --- | --- |
| 厦门凯纳石墨烯技术股份有限公司 | 石墨烯粉体、石墨烯浆料、锂电池导电剂、石墨烯散热碳塑合金材料、石墨烯散热器 |
| 宁波墨西科技有限公司 | 电池电容、涂料油墨、复合材料的石墨烯材料产品 |
| 常州第六元素材料科技股份有限公司 | 氧化石墨系列、导电导热型石墨烯系列、增强型石墨烯系列、防腐型石墨烯系列、氧化石墨烯分散液系列、石墨烯导电浆料 |
| 常州二维碳素科技股份有限公司 | 石墨烯发热膜、石墨烯地暖膜、石墨烯散热涂料、石墨烯透明导电薄膜、石墨烯压力传感器及触摸屏、石墨烯终端应用产品 |

（续）

| 企业 | 应用成果 |
| --- | --- |
| 鸿纳（东莞）新材料科技有限公司 | 石墨烯导电浆料、油性/水性涂料用石墨烯浆料、石墨烯防火复合材料 |
| 山东利特纳米技术有限公司 | 石墨烯材料、氧化石墨烯材料、金属纳米材料、石墨烯导电材料 |
| 杭州高烯科技有限公司 | 单层氧化石墨烯、多功能石墨烯复合纤维、石墨烯电热膜、石墨烯导热膜、单层石墨烯多功能袜 |
| 中科悦达（上海）材料科技有限公司 | 三维中空石墨烯涤纶短纤、高质量石墨烯、石墨烯涤纶短纤、石墨烯量子点、石墨烯功能纤维、石墨烯电加热产品、石墨烯抗菌产品、石墨烯改性导电银浆、石墨烯/纳米纤维复合产品 |
| 德阳烯碳科技有限公司 | 石墨烯粉末、石墨烯浆料、地暖发热油墨、石墨烯环氧防腐涂料原浆 |
| 厦门烯成石墨烯科技有限公司 | 石墨烯空气净化宝、石墨烯导热塑料、石墨烯周边材料和设备 |

为推动石墨烯产业更好发展，国家发起成立了石墨烯产业联盟等组织，助力石墨烯技术路线、标准战略、专利布局、国际合作等方面快速突破。2013 年，中国石墨烯产业技术创新战略联盟成立。2016 年 9 月，中国国际石墨烯资源产业联盟正式成立。联盟以促进国际范围内的石墨烯产业发展为目标，面向世界搭建开放性的石墨烯产业、科技、金融国际交流合作平台。成员由全球从事石墨烯制备和应用研究的大学、科研院所及国际范围内的石墨烯重点应用企业、金融投资机构、协会等组成，总部设于中国北京，在全球设 18 个分部，是国际石墨烯领域中，地域最广、起点最高、门类最全的集资源、科技、企业、资本、人才、信息、知识产权、产业促进等为一体的国际交流互动平台。

## 四、产业布局多点开花

目前，全国石墨烯产业已形成“一核两带多点”的空间格局。北京成为石墨烯产业的研发高地，东部沿海地区产业带和内蒙古—黑龙江产业带快速发展，四川、重庆、贵州、广西、陕西等地依托原有产业基础或资源优势，发展迅速。

北京为我国石墨烯产业的智力核心，基础研究在国内处于领先水平，以刘忠范院士领衔的北京石墨烯研究院为代表。北京石墨烯研究院是北京市政府最早批准建设的新型研发机构之一，由北京大学牵头建设，2018 年正式揭牌运行，致力于打造引领世界的石墨烯新材料研发高地和创新创业基地，瞄准未来石墨烯产业，全方位开展石墨烯基础研究和产业化核心技术研发。另外，中国石墨烯产业技术创新联盟、中关村石墨烯产业联盟、北京石墨烯产业创新中心等机构在加快石墨烯标准制定和产业化应用推广等方面也起到了引领作用。

东部沿海地区产业带主要指以山东、江苏、上海、浙江、福建、广东等东部沿海省份为核心发展的石墨烯产业集聚带。山东省石墨烯产业基地主要分布在济南、济宁和青岛等地，青岛率先建成达到国际先进水平的吨级石墨烯生产线，初步形成了石墨烯原材料—石墨烯装备—下游应用的产业链雏形，在原料制备、制备设备、锂离子电池、改性橡胶、水处理等领域涌现出 200 多家骨干企业；江苏省是国内最早进行石墨烯产业化应用的省份，主要集中在常州、无锡等地，形成了以江南石墨烯研究院为核心，常州石墨烯科技产业园和无锡石墨烯产业园为载体，集研发、创业孵化、企业培育、技术服务等于一体的产业体系。其中常州是全国首个国家级石墨烯产业化基地，企业聚集度高、产业规模领先、平台建设完善，构建了包括石墨烯制备、航天涂料、石墨烯电容器、显示器件、海水淡化、基因测序等石墨烯应用在内的较为完备的产业链。

内蒙古—黑龙江地区产业带主要指以黑龙江、内蒙古自治区等省份发展起来的石墨烯产业集聚带，该区域是国内石墨资源储量最为丰富的地区，具有发展石墨烯产业得天独厚的资源优势。但整体看来，该地区石墨烯产业起步较晚，且发展速度相比东部沿海地区较慢，绝大多数企业尚处于初创阶段。

此外，四川、重庆、湖南、陕西、广西等地区的石墨烯产业发展较快，当地政府从资源保障、政策扶持等方面促进石墨烯产业的发展，形成了新的增长极。

未来中国石墨烯产业空间和资源要素继续向优势地区汇聚，特色化、差异化发展明显，区域分工格局更加明晰。北京将依托独特的研发资源，抢占全国石墨烯研发高地；长江三角洲地区基于坚实的产业基础和应用，加快在复合材料、储能材料、新一代显示器件等方面的产业化应用和推广；福建、广东等地则在智能可穿戴、热管理等领域加快步伐；东北地区依托其丰富的资源优势，将在原料制备方面加强攻关。

## 五、我国石墨烯产业发展分析

我国石墨资源丰富，储备量全球第一。据美国地质调查局（USGS）资料，截至2018年，全球天然石墨累计探明可采储量达到3亿t。其中土状石墨主要分布在欧洲、中国、墨西哥和美国，片状石墨主要分布在澳大利亚、巴西、加拿大、中国、马达加斯加等国。中国石墨资源种类齐全，包含晶质石墨（约占世界2/3）和隐晶质石墨。最新勘查表明，中国石墨潜在资源量为21亿t，晶质石墨储量为4.37亿吨，近10年的开采量稳定在每年60万～80万t，长期位居世界前列。因此，从生产角度看，中国石墨矿产储能丰富，价格低廉，石墨烯研究及利用在我国具有得天独厚的优势。

我国作为石墨烯专利技术的早优先权国，在所有技术原创国之中处于首位，部分工业石墨烯技术已进入商业化阶段。政府高度重视石墨烯产业发展，2012年工业和信息化部发布的《新材料产业"十二五"发展规划》中的前沿新材料就包含石墨烯。此外，国家科技重大专项、国家973计划围绕"石墨烯材料的宏量可控制备及其应用基础研究""石墨烯基电路制造设备、工艺和材料创新"等方向部署了一批重大项目，取得了一批创新成果，国际影响力逐步提升。2013年7月，在中国产学研合作促进会的支持下，多家机构发起中国石墨烯产业技术创新战略联盟，联盟成立以来，先后组建了技术、标准、专利、资源、产业促进、国际合作等专门委员会来整合协调、提高行业整体创新竞争力。然而，同世界上发达国家相比，我国研究成果应用价值偏低，欠缺原创性研究，缺乏创新思维，高端领域应用转换慢等问题突出，急需改进。

一是关键技术有待突破。经过多年的自主研发，石墨烯的规模化生产技术、工艺装备等方面均取得重大进展，但是石墨烯规模化生产技术成熟度依然较低，普遍存在不同批次石墨烯产品质量不稳定、性质差异性大的问题。如用于采暖保温的石墨烯电热膜产品，由于技术问题尚未充分解决，导致电热膜普遍电阻较高，电热转换效率不高，优异的电学性能未完全体现，使得产品竞争力大大下降。从前瞻技术来看，我国的石墨烯技术专利多数为本土专利申请，国外专利技术布局相对薄弱，极少数能被国外专利引用，专利质量总体不高，缺乏基础核心专利。

二是高端领域成果转化缓慢，市场尚未全面打开。虽然石墨烯产业在我国具有广阔的前景，我国石墨烯产量亦逐年增加，但下游应用市场亟待进一步开发，特别是高端应用市场开发不足。目前我国石墨烯企业的主要产品大多针对石墨烯的中低端应用领域，且产品同质性严重，多涉及传统产业，如家居采暖、穿戴衣物等，这些产业已有成熟产品，产品替代面临较大阻力。大部分传统企业并不了解石墨烯，没有动力、不知道可用石墨烯改善产品性能，而石墨烯企业进入传统产业领域则面临较高门槛，导致其研发的石墨烯应用产品实用性低。同时，应用技术不稳定、不成熟，阻碍了石墨烯应用于其他领域。

三是缺乏龙头企业带动。纵观国外石墨烯产业发展，石墨烯技术攻关普遍由大企业主导，IBM、三星集团、东芝公司等全球知名大企业均从事石墨烯制备与应用研究。我国石墨烯研究以各高校和科研院所为主力，高校主导石墨烯技术研发，因不具备市场思维，导致技术成果常常不契合市场需求，产业化难度大；而企业向高校购买技术成果，必须自组团队二次研发转化才能应用。尽管已经涌现出像常州第六元素科技股份有限公司、宁波墨西科技股份有限公司、唐山建华科技发展有限公司等具备研发实力的企业，但普遍多为中小企业和初创公司，不仅不具备在高端领域进行成果转化的技术实力，而且很多企业资金周围困难，随时面临破产。

四是标准体系有待建设。目前石墨烯及其相关产业日益成为资本市场中炙手可热的追逐目标，但是缺少石墨烯材料分类、术语、检测方法等国家标准以及石墨烯产品的团体标准或行业标准，致使市场上石墨烯相关产品鱼目混珠，产品质量参差不齐的现象非常严重，部分企业偷换概念、一味炒作、劣币驱逐良币的现象时有发生，影响了石墨烯产业的良性发展。

针对上述问题，应进一步优化科技计划部署和政策引导，促进石墨烯领域发展以及研究成果的产业化落地。要把提升原始创新能力摆在更加突出位置，鼓励我国科学家挑战石墨烯的基础科学问题，力争提出更多原创理论。政府要加强政策支持，促进成果转化。支持企业与高校、科研院所构建成果转化平台。对石墨烯研究院等新型研发机构给予政策支持，解决其在人才引进、大型科研仪器进口减免税、成果转化收益等方面的困难。同时要注重产学研结合，建设以企业为主体、市场为导向的创新体系。针对石墨烯产业链长、研发难度大、风险性高的特点，建立持续稳定的政策扶持机制，充分利用市场机制调动企业和投资者的积极性，培育石墨烯应用研发企业，发展下游应用生产企业，形成良好的产业生态环境，使得企业成为研发过程的重要环节，通过完整高效的创新链来保障我国石墨烯产业发展的前瞻性和战略性。推动标准建立，促进行业健康发展。把规范石墨烯行业标准放在保障产业健康发展的首位，以标准指导、引领行业发展，形成公正、客观的认证和监督体系，提升行业整体竞争力。在此基础上，注重实施知识产权竞争战略，以专利引领产业特色发展，避免行业内过度竞争和低水平重复投入。

# 第三章

# 石墨烯电热膜在农业上的应用

## 第一节　石墨烯电热膜发热原理与特性

### 一、石墨烯电热膜发热原理

人类自从学会用电以来，对电加热器的研究一直没停止过，最早用金属丝作为加热材料，后来又发明了非金属陶瓷加热材料、PTC材料、硅铜和硅碳加热棒等。近年来，人们又制造出像涂料、油墨一样方便涂布或印刷的电热薄膜加热材料。根据导电物质和成膜基体的不同，人们研发了一系列不同的电热膜制备工艺，例如：①将导电物质和成膜物质（如树脂）混合成浆料后，涂覆或印刷在塑料膜、无纺布、云母板等载体上，再进行固化成膜；②将电热膜浆料制成具有自支撑性的纸张；③在待加热物体上直接喷涂成膜；④将导电物质和成膜物质（如塑料微粒）混合后挤压成型；⑤采用气相沉积、喷涂或溅射的方法将导电物混入膜状基片中形成一体。目前市场上的石墨烯电热膜大多采取第一种工艺。需要指出的是，采用CVD法生产的石墨烯薄膜也可直接用于构建电热器件，这和基于涂料/油墨工艺的石墨烯电热膜有本质区别，CVD法得到的透明石墨烯电热膜热转换效率更高、更稳定，但面积很小且造价高昂，更适用于满足航空航天等领域的某些特殊电加热需求，目前看来并不适于农业应用。

碳发热材料的发热机制是：在通电的情况下，运动的电子流与碳晶格间发生碰撞和能量交换，使碳原子在其平衡位置附近的往复运动（振动）加剧，即电能转化为热能。被激发的碳原子又可以通过碰撞等形式将动能传递给周围的碳原子或其他分子/原子（热传导过程），或者以电磁波的形式释放能量（热辐射）。根据热辐射定律，热辐射的频率（频率与波长成反比）分布与物体的温度有关，温度越高，热辐射频率越高，波长越短。对于石墨烯等碳材料电热膜来说，工作温度通常在几十到几百摄氏度，对应的热辐射是波长为 5～14 μm 的远红外线。远红外电热是石墨烯及其他碳材料电热膜产品经常提及的概念。这里必须指出的是，远红外线辐射并不是碳基电热材料独有的特性，它更依赖于加热体的温度而不是加热体的物质构成。另外，石墨烯材料的特殊分子结构和良好的导热性决定了其不容易发生炽热、发红等现象（发红表明辐射可见光），因此辐射热损失很小，理论电热转换效率高达99%以上，面状的远红外辐射成为石墨烯电热膜的主要传热方式（热辐射占比＞60%）。此外，依托于柔性基底的石墨烯电热膜还具有柔韧性好、耐弯折等优点，是电热丝电热膜所不能比拟的。

## 二、石墨烯电热膜发热特性

石墨烯远红外采暖是一种基于石墨烯技术电发热板的开发应用，电热膜表层材料为特制的聚酯薄膜，膜片中间的墨线是可导电的石墨烯发热材料，是电热膜核心部分，相当于很多并联的电阻，通电后发热，有效电热能总转换率达 99% 以上，同时包含保温层与远红外反射层，发热、保温性能稳定长久，温度辐射范围广，与传统锅炉相比可节省30%～50%的能耗。相比其他电暖材料，它具有非常突出的优势：①启动、加温迅速。由于作为发热体的石墨烯材料具有非常高效的导电率、导热率，因此启动后，一旦设定温度与外界温度之间存在温差，系统会在短时间内达到目标温度。②温度均匀。利用石墨烯透明导电特性制成的电发热膜，具有发热效率高、发热均匀的特性，因此启动后，温度会均匀散开。③操作、维护方便。远红外石墨烯电热系统会根据环境变化而自动工作，结构简单，操作调节方便，同时可直接水洗消毒，减少疾病来源，也便于夏季冲水降温，使用寿命长，安装后几乎不需要任何人工维护。④降噪环保。零噪声、零污染、零排放、使用过程中无“三废”产生等。

基于石墨烯电热膜的优良特性，石墨烯电暖系统在地暖、电暖画、理疗暖贴和电热膜等领域发展迅速，涌现出一批具备研发实力的公司。2015 年 4 月，烯旺新材料科技股份有限公司在深圳成立，他们以首创的石墨烯发热膜专利技术为核心，专注于石墨烯发热技术的应用研发和生产，目前已发展成为集石墨烯制备、膜片生产、自主研发、医疗探索、产品应用和生产、渠道销售等综合性石墨烯科创企业，产业涉及养护护具、智能家纺、发热服饰、美容、供暖和能量房等消费品领域。2018 年 6 月成立的湖北中暖石墨烯科技有限公司，专业从事石墨烯电暖材料研发、生产、销售，通过不断的技术创新，将高科技石墨烯与采暖技术、互联网智能家居和智能养殖相联合，使石墨烯发热特性应用于市场。2017 年 9 月成立的宝希（北京）科技有限公司，是一家拥有年产 1 000 万片石墨烯电热膜的最新第四代石墨烯电热膜智能化全自动生产线、500 t 智能化全自动配比系统水性石墨烯导电油墨生产线和 500 t 智能化全封闭石墨烯水性散热涂层生产线的新锐科技公司。成立于 2011 年 12 月的常州二维碳素科技股份有限公司，是一家专业从事大面积石墨烯薄膜及石墨烯触控模组研发、制造的高科技上市企业，公司在 2013 年就建成世界首条年产 3 万 $m^2$ 石墨烯薄膜生产线，开发的石墨烯发热膜系列产品具有超强导热性、最小热容、加热速率快、良好电稳定性及平整度、厚度仅为 0.2 mm 左右、加热均匀等突出特点，使得该产品在家用取暖、中医理疗、医疗加热和工业精确分区温度管理等方面应用广泛。

石墨烯电热膜产业的蓬勃发展也为农业应用提供了坚实基础。相比其他加温采暖材料，石墨烯电热膜最佳的导热性也是设施农业提高温度急需的基本特性。在种植领域，石墨烯电热膜覆土后，远红外直接增温可显著促进幼苗发育，有效增强光合作用。在养殖领域，特别是对畜禽良种繁育场、水产种苗场以及特种水产、工厂化畜禽生产企业，用远红外石墨烯电热膜可以实现快速升温、智能调温，促进畜禽、水产健康繁育。因此，石墨烯采暖作为一种全新采暖方式，在蔬菜大棚、花卉栽培、农林育苗、土壤保温、雏鸡孵化及特种水产养殖等产业领域具有广阔的应用前景。

## 第二节　石墨烯电热膜在设施种植中的应用

### 一、我国设施农业发展现状

设施农业是借助于植物工厂、温室及塑料大棚等人工保护设施生产农产品的现代化农业生产方式，与传统农业的区别在于环境可以控制，主要是利用覆盖材料和智能化控制设备，为作物生长发育提供良好的光照、温度、湿度、气体及根际营养等环境条件，它可以在露地恶劣环境下使农业生产成为可能，极大地提高土地利用率和自然资源的生产率，保障人们的食物供给。设施农业是用工业化生产的方式来实现农业生产的规模化、标准化、自动化和现代化。因此，设施农业对人类食物供给和社会发展起着非常重要的作用，是优质高效农业的主要途径。设施农业是观光农业、生态休闲农业的重要内容和形式，也是一个国家现代化农业发展的重要标志。

据设施农业专家、中国工程院院士李天来介绍，2016 年我国设施园艺生产面积约 476.5 万 $hm^2$（7 147.5 万亩*），产值 14 600 亿元，占世界设施农业总面积的 85%以上，是设施农业大国。设施农业在我国农业发展、农民致富、新农村建设、乡村振兴及扶贫工作中发挥着极其重要的作用。2018 年我国设施农业（包含设施养殖、设施种植和设施

* 亩为非法定计量单位，1 $hm^2$=15 亩，1 亩≈667 $m^2$。——编者注

水产等）形式之一的设施园艺产值已达 1.5 万亿元以上，其中蔬菜和西（甜）瓜设施栽培面积占世界相应栽培面积的 90%以上，年人均供应量近 200 kg，占园艺总产值约 45%，占农业总产值约 26%，占农牧渔业产值约 14%，设施园艺每年可提供 7 000 万个以上就业岗位，成为农民发家致富和扶贫的有效途径。我国是设施农业大国，但在环境控制水平、生产能力等方面与发达国家荷兰、日本等仍存在较大差距，还需要政府、科研、企业和生产者等多方面共同努力，提高我国设施农业整体科技水平。

设施园艺是设施种植业的主要组成部分，自 2016 年起，我国设施园艺栽培面积与人均供应量已居于世界首位，但由于设施类型多样，作物品种多样，地域环境差别较大，相关的基础研究和应用研究起步晚，在设施结构、品种选育、环境调控和栽培技术等方面与发达国家差距较大。据南京农业大学郭世荣等研究表明，以温室蔬菜产量为例，我国温室蔬菜平均年产量约为 90 000 kg/hm$^2$，是世界设施园艺发达国家——荷兰的 1/3；我国设施花卉平均产值为 11 万元/hm$^2$，单位产值仅是荷兰的 10.36%。另外，生产环境差，受自然灾害影响大，劳动强度大，自动化程度低，土地产出率低，劳动生产率低，肥、药、水、土地等资源利用率低，产品质量不高和生产效益波动大等问题都是我国设施种植业需要解决的问题。

展望未来，智能化将是设施园艺的重要发展趋势，设施园艺将与先进的工业技术融合，实现机械化、自动化和智能化。随着我国设施园艺新材料、新设备及新机械的研制和应用，设施环境调控技术水平会不断提高，温、光、水、肥、气等环境调控手段正逐步向机械化、自动化、智能化方向发展，对温室进行精确化管理。

## 二、设施农业采暖保温问题

党的十八大以来，生态文明建设提到了前所未有的高度，我国设施农业原有的煤锅炉采暖方式，因环境污染而被禁用。改用天然气或电，因成本高难以推广。采用热风炉、采暖炉或电热线等，不仅能耗高，污染大，而且稳定性差、成本高，迫切需要新能源替代。

设施农业，尤其是设施园艺，主要在冬春低温季节、露地难以生产时进行农业生产，此时由于外界光照能量较低、光照时间较短，气温偏低，需要对设施内进行加温。我国北方和长江流域广大地区冬季寒冷，特别是12月下旬到翌年1月中旬经常遇到寒潮低温，为保障作物、畜牧、水产的正常生产，必须对畜禽舍、温室等加温，使设施内最低温度达到10 ℃以上。假设每晚用天然气加温的成本在2万元/$hm^2$左右，南京、上海等长江下游区域按70 d加温时长计算，需要140万元/$hm^2$；北方地区加温时长达5个月，加温成本更高。由于我国农产品价格相对较低，所以冬季现代化温室的生产多数处于亏损状态，严重制约了我国设施农业的可持续健康发展。

以草莓温室生产为例，草莓是产量居于世界首位的小浆果，也是我国第二大浆果，具有结果早、周期短和见效快的优点，是一种投资少、收益高的果树种类。设施温室草莓的生长周期相对较长，跨越秋季、冬季和春季。草莓生长环境中的温湿度对草莓生长有很大影响，特别是低温天气对草莓生长影响较大，出现－10 ℃以下的天气，会导致草莓果实受冻，花蕊变黑，造成极大的经济损失。实际生产中，农户主要采取的加温措施有煤炉加温、可移动暖风机加温、浴霸加温、大棚增温块等进行临时辅助加温，但各有缺点。

**1. 煤炉加温**

在草莓大棚里每亩放置5～8个煤炉生火加温，时间从晚上11时开始至翌日早晨6时结束，为了防止加温过程中煤气对草莓的影响，要在煤炉上加排烟烟囱，保证把煤气排放在棚外或者用无烟木炭。安全起见，早上进棚以前要先通风，防止一氧化碳中毒。此法优点为成本低，缺点是易发生一氧化碳中毒，还会造成环境污染。

**2. 可移动暖风机加温**

每亩放置 2～3 台，调节好启动温度，可以保持棚内温度，防止草莓冻害发生。需要注意暖风机放置在棚室空旷位置，暖风口远离易燃物品。优点是升温快，缺点是成本高、安全性差、无法在农户中推广。

**3. 浴霸加温**

每亩安装 10～15 个功率为 275 W 的浴霸灯泡，可将室内温度提高 2～4 ℃。悬挂高度距地面 1.5～2 m。注意要采用防水灯口，还要考虑用电负荷，避免发生事故。优点是使用方便，缺点是安全性差。

**4. 大棚增温块**

每亩均匀放置 6～8 块，尽量放置在大棚四周低温区域，可燃烧 3～4 h，安全起见，需要放置在铁质容器中防止夜间着火。早上进棚以前要先通风，防止中毒。优点为成本低，缺点是安全性差，易造成环境污染。

另外，有少部分温室大棚使用地热线、管道热交换系统和空气源热泵等技术和设备，可显著提高设施草莓，特别是架式栽培草莓的夜间根际温度，进而促进草莓生长发育、提升果实品质、缩短生育周期、提高产量，但加温效果有限且成本较高，很难在草莓生产农户中推广应用。

## 三、石墨烯电热膜在设施种植中的应用

目前，国内外对石墨烯电热膜在设施农业上的研发与应用研究时间短、内容少、研究单位也较少，还处于刚刚起步阶段。为验证和评价石墨烯远红外电暖在集约化育苗中的实际应用效果，宿州市农业科学院在宿州市蔬乐园农业科技有限公司育苗基地进行了石墨烯电热膜安装试验。试验温室为 PC 板连栋温室，面积 3 168 $m^2$，温室内部四周用丝棉

被保温。温室内有移动苗床 59 个，总面积超过 2 000 $m^2$，苗床上搭建小拱棚，4 丝农膜覆盖，夜间加盖保温被。试验采用额定功率 330 W 石墨烯电热板，规格（长×宽×厚）为 300 cm×50 cm×6 cm，按苗床方向安装在苗床下面的横支撑上，电热板距离苗床底部约 40 cm。同时配套安装了石墨烯远红外电热板自动控制系统，每个移动苗床安装 1 个自动控温仪和控制开关，温度经设定后可自动调节室内温度，达到恒温效果（图 3-1）。

图 3-1　温室石墨烯电热膜安装实景

（王建军等，2019. 中国蔬菜）

试验期间，设定石墨烯电热板表面温度恒温 45 ℃，苗床棚内温度控制在夜间 15～25 ℃、白天 25～35 ℃。以西瓜嫁接育苗为试材，对石墨烯远红外电暖在西瓜集约化育苗中的应用效果进行观测记录，包括温湿度、种苗生长状况等。研究发现：通过石墨烯远红外电暖加温后，其育苗基地的西瓜种子出苗率达到 98%左右，嫁接苗成活率达到 98%以上，与普通加热方法的 80%左右的种苗出苗率相比，提高了 18%。应用石墨烯远红外电暖加热过程中，没有进行消毒、喷洒农药和施肥等工序，根壮苗旺，大大减少人工作业，降低了安装成本和运行成本，也缩短了种苗培育时间（表 3-1、表 3-2）。石墨烯远红外电暖加温与其他加温方式相比，西瓜嫁接苗提前 10～15 d 出圃，且长势良好，经济效益、社会效益及环境效益突出。

**表 3-1 石墨烯电热板安装成本分析**

（王建军，等，2019. 中国蔬菜）

| 加温方式 | 安装设备 | 总投入（万元） | 单位造价（元/$m^2$） |
|---|---|---|---|
| 石墨烯电热板加温 | 石墨烯电热板（单片规格：额定功率 330 W，长×宽×厚=300 cm×50 cm×6 cm）365 片，智能温控仪及控制开关 | 20.44 | 64.52 |
| 燃煤锅炉水暖加温 | 2.5 t 锅炉和配套的锅炉房、热水管道、管道热水泵、散热器（镀锌翘片管）、高温水阀 | 24.12 | 76.14 |

**表 3-2 石墨烯电热板运行成本分析**

（王建军，等，2019. 中国蔬菜）

| 加温方式 | 加温成本 | 人工成本（元） | 总成本（元） |
|---|---|---|---|
| 石墨烯电热板加温 | 270 W（实际功率）×365≈100 kW，100 kW×12 h×0.56 [元/(kW·h)]=672 元 | 0 | 672 |
| 燃煤锅炉水暖加温 | 1 t×860 元/t=860 元 | 240 | 1 100 |

从上述研究结果来看，一方面可用于设施农业真正节能高效的石墨烯电热膜还需要进一步开发研制，另一方面针对不同设施类型、不同作物种植模式的石墨烯电热膜个性产品、使用方法及其与设施环境调控技术的整合都需要进一步研究。如宿州市农业科学院将石墨烯电热膜直接大面积铺装到育苗床下，相当于给温室空气加温，并没有实现对作物的精准加温，使得能量利用效率不高，且电热膜材料性能也有待进一步分析。

2020 年，江苏暖热能科技有限公司研发了太阳能+石墨烯红外热能芯片一体化供暖系统，该系统将光伏发电系统与石墨烯红外热能芯片大棚加热系统相结合，利用光伏发电将光能转化为电能，再由石墨烯红外热能芯片大棚加热系统将电能转换为远红外辐射热能，从而实现大棚内加温和保温。由太阳能蓄电池作为直接电源，由逆变器将蓄电池的低压直流电转换为220 V交流电，解决太阳能电池板不能直接用于大功率取暖系统和能源消耗的问题，在蓄电池电量不足时，转换为电网供电，在夏天也可以满足室内照明和部分电器的用电。该石墨烯红外热能芯片大棚加热系统单张发热器平均厚度约1 mm，十分轻薄，且不易老化，不会占用空间。适合各种面积要求，安装灵活，模块化，现场施工简单，包装运输效率高。

北京绿能嘉业新能源有限公司研发了一种用于农业大棚生产的石墨烯远红外加热负离子光波板，该光波板包括正面板、发热板、保温层、反射层和后盖板。正面板、发热板、保温层、反射层、后盖板按上下顺序依次设置，其中，发热板设有玻璃纤维布、树脂胶层和石墨烯纳米远红外负离子复合纤维导电发热膜，石墨烯纳米远红外负离子复合纤维导电发热膜的上部和下部分别依次设置树脂胶层和玻璃纤维布。该实用新型远红外发射波与农作物吸收太阳光进行光合作用的波长一致，可促进农作物的光合作用、提高农作物的发芽率、提高出苗率、缩短生长周期、加快农作物的成熟，并可以根据农作物的不同生长周期调控生长环境控制温度、湿度等生长环境条件。

上海途燕信息科技有限公司发明了一种设有石墨烯的农业大棚采暖装置，包括安装架、储水箱、电热管、第一出水口、第一进水口控制箱、太阳能加热机构、水泵、水管、水过滤机构、散热管、万向滚珠和轴承，安装架下部内侧设置有储水箱，储水箱内壁设置有电热管，通过调节聚光板与阳光的角度，将光线聚集反射至光伏板，进而增强光照，提高发电能力。当光线角度变化时，通过光线传感器追踪光线，同时，电机驱动主动齿轮转动与第一从动齿轮和第二从动齿轮啮合传动，使得聚光板始终保持与光线平行。此发明光伏板为锥形设置，使得光伏板在转动时接收光线不受影响，且能够全方位最大限度接收光线，进一步提高发电能力，为装置供能，环保且成本较低。

青岛德通纳米技术有限公司专门研发为无土栽培设计的石墨烯远红外发热膜板，该板电热转换效率达到98%以上，通电即热，5 min之内达到设定温度；温度均匀，面状发热，远红外线辐射热；采用FR-4绝缘材料做绝缘；防水等级6级，经特殊设计可浸泡于水中使用；使用寿命长达50 000 h。

目前，将石墨烯红外电暖膜应用到农业大棚中的生产实践还比较少，还需要更多的实践数据作为制定石墨烯红外电暖膜的产品标准和安装操作技术规程的依据。要建立石墨烯电热膜利用最佳匹配技术，确立最佳采暖效能技术模式，重点建立适用不同设施园艺作物栽培模式和作物不同生长阶段温度需求的石墨烯电热膜精准智能控温产品工艺技术，确定石墨烯电热膜产品与作物生长温度需求之间的最佳匹配方式，建立最佳采暖效能技术模式，彻底破解当前温室大棚冬季加温面临的高能耗、高污染、高成本、稳定性差的困境。

## 第三节　石墨烯电热膜在设施养殖中的应用

### 一、石墨烯电热膜在畜禽养殖中的应用

在畜禽养殖中，由于幼龄畜禽如雏鸡、仔猪等出生后体温维持和调节系统尚未完全发育，它们适应外界环境温度的变化存在较大困难，因此，提供并维持合适的环境温度对于其生命安全和后续的健康生长发育至关重要。如刚出生仔猪体温调节中枢不完善，不耐低温，对环境温度下降极为敏感，易出现拉稀等症状。猪舍地板多为混凝土或塑钢材质，漏缝地板结构会导致冷风从底下往上吹，仔猪腹部容易着凉。应用较多的保温灯等设备，热源来自上部，也不能解决上热下冷的问题。

北方地区冬季低温对成年畜禽的生长也有威胁，必要时也需要提供热源和保温措施。多数规模化畜禽养殖企业均要采用外界热源和保温设

备，但运行的热源设备普遍存在着能耗大、加热效率低、维修保养不便、运行成本高及安全隐患突出等问题。母猪、幼崽等的保温设施成本不断攀升，使得农产品价格大幅上涨，市场竞争力严重下降，严重制约了我国设施养殖产业的可持续发展，迫切需要研发节能、安全、高效的新型热源和保温设备及材料。

在畜禽养殖领域，特别是对畜禽良种繁育场、工厂化畜禽生产企业，用远红外石墨烯电热膜可以实现快速升温、智能调温、节能无噪声，且维护方便、操作简单、系统运行无电磁波干扰。红外线辐射供暖可明显改善乳、幼禽血液循环。此外，远红外线还对房间有杀菌作用，对乳、幼禽健康生长发育起到良好的保健作用，使用安全可靠。目前，石墨烯电热膜用于畜禽加温研究较少，仅有浙江省农业科学院畜牧兽医研究所开展了石墨烯加热板/膜作为生猪保温供热体的节能特性研究，该研究是利用自行设计制作的能耗监测试验装置对市售石墨烯加热板、石墨烯加热膜和电阻丝加热板进行室温 15 ℃下的升温能耗试验和恒温 21 ℃的能耗试验，结果发现：石墨烯加热板/膜升温至预设温度的时间和所需能耗均高于电阻丝加热板，未能表现出明显的低能耗性能，得出了市售石墨烯加热板的节能性均略低于电阻丝加热板的结论（表 3 - 3）。此项研究中，畜禽养殖石墨烯加热板没有包裹材料；石墨烯加热膜有包裹材料，但包裹材料是否对热效率有影响，还需要进一步研究，电热膜材料的性能参数也有待进一步分析。

**表 3 - 3　生猪养殖不同加热材料能耗**

（朱晓明，等，2020. 安徽农业科学）

| 材料名称 | 电量（kW/h） | 时间（h） | 21 ℃恒温 7 日能耗（kW/h） |
| --- | --- | --- | --- |
| 石墨烯加热板 | 0.9 | 6.13 | 16.0 |
| 石墨烯加热膜 | 0.9 | 6.33 | 16.6 |
| 电阻丝加热板 | 0.6 | 4.70 | 16.5 |

在专利方面，深圳市新碳科技有限公司发明了一种用于养殖的石墨烯发热片模组及发热保温板。用于养殖的石墨烯发热片模组，包括用于发出热量的石墨烯发热碳晶片以及贴附于石墨烯发热碳晶片一个面上的反射膜。石墨烯发热碳晶片包括固定在一起的用于支撑的底层和发热层（发热层为混合均匀在一起的树脂和石墨烯粉末）；发热保温板用于地板或者墙壁保温发热，包括上述的用于养殖的石墨烯发热片模组。该实用新型专利的结构简单、工艺简单，且具有升温速率快、环保安全、温度范围宽等特点。石墨烯发热片模组通电发热，不仅不会使牲畜触电，而且会发出 8～14 μm 波长的远红外辐射。这种波长的远红外辐射可使牲畜毛细血管扩张，促进血液循环，有利于牲畜的生长发育。

## 二、石墨烯电热膜在水产养殖中的应用

特种水产养殖同样面临加温问题。以江苏省为例，江苏省水产养殖规模 1 200 万亩，其中很多鱼苗、鱼种、南美白对虾、甲鱼、河豚和刀鱼等都需要冬季加温。目前，主要加温方式有锅炉、电加热、空气源热泵等，加温成本在 1 000～3 300 元/(亩·年)（表 3-4）。空气源热泵虽然成本相对较低，但在寒冷地区应用的可靠性差，特别是在低温环境下，空气源热泵的能效比会急速下降，制热量不足。而使用石墨烯电热膜则不存在上述问题，可大幅节约能源，如果按节约加温费用 500～1 000 元/(亩·年）计，仅江苏省水产养殖每年可节省加温费用 60 亿～120 亿元，并可降低鱼的发病率，提升鱼肉品质，从而大幅提高经济效益。

**表 3-4　水产养殖传统加温耗能分析**

| 加温方式 | 安装成本 | 运行成本 | 消耗能源情况 | 消耗费用［元/(亩·年)］ |
|---|---|---|---|---|
| 锅炉（煤、油、材） | 高 | 高 | 高 | 1 700～1 980 |
| 电加热 | 较低 | 低 | 高 | 3 300 |
| 空气源热泵 | 低 | 低 | 较高 | 1 050 |

江苏农牧科技职业学院开展了相关应用研究试验，研发适合用于特种水产养殖的相关产品。试制了石墨烯防水加热板，可以直接投放到水中进行工作，在功率为3 000 W时，将3 t水从16 ℃加热到20 ℃需要大约10 h，并能在1 200 W时维持温度在20 ℃。当最低温度设定在25 ℃时，1 200 W的功率较难维持最低设定的25 ℃，只能达到23 ℃左右。当功率增加到3 000 W时，夜间（室温16 ℃）可以维持25 ℃。试验刚刚起步阶段，还需要更多的试验数据作为制定石墨烯红外电暖膜的产品标准和安装、操作技术规程的依据。

台湾地区在海虾养殖上已广泛使用远红外线石墨烯电热膜。石墨烯海水恒温养虾技术把传统户外养虾改为室内虾槽养殖，解决了内地无海水养殖的历史，杜绝了抗生素的使用，可让虾子存活率高于90%，是个零排放的绿色环保项目。更重要的是，该技术解决了虾子的粪便毒素沉淀，对改善海水生态环境具有积极意义，展示了石墨烯恒温养殖独特的生热式环保、节能及不耗氧等特点，让远离海水的内陆地区也可以恒温养殖，让百姓餐桌上的菜肴更加健康可口。

未来要重点攻克适合特种水产品生长需求的石墨烯电热膜安装技术，建立与石墨烯电热膜温棚养殖模式相匹配的水质管理、投喂管理及疾病防治等标准化、数据化的资料库，为养殖模式的复制推广提供支撑。石墨烯电热膜温棚养殖为降低养殖二次污染、养殖成本和增加养殖周期提供可行性，也为养殖过程中水体净化、养殖尾水处理打开了思路。

## 第四节　石墨烯电热膜在粮食烘干上的应用

我国目前是世界上最大的粮食生产国，连续多年水稻产量全球第一。自2020年初新冠疫情暴发以来，保证粮食生产安全是我国的基本国策。粮食干燥是粮食生产和加工过程中的重要步骤之一，粮食收获后，必须经过干燥处理再储存，否则会霉变，造成损失。粮食干燥分为人工晾晒和机械干燥，人工晾晒决定于天气，晾晒过程效率低下，并且粮食最终含水量难以精确控制；机械干燥通常采用竖箱式烘干机，受天气影响很小，采用热风炉或油炉作为热源，热气流为干燥介质，整个干燥过程在程序控制下自动化完成，干燥均匀且品质高。

欧盟、美国、日本等发达国家和地区的粮食干燥技术研究起步较早，比我国早 30～40 年。因研究时间早、投入大，积累了大量的技术优势，后经计算机的拓展应用又有了新的发展，获得了一系列在国际上占主导地位的科研成果，长期保持领先地位。

我国粮食干燥技术研究起步较晚，以借鉴、吸收为主。20 世纪 90 年代以来，随着农村改革的深入发展，农村经济和生产力水平的提高，大型粮库、国有农垦系统的种子和粮食生产基地，逐渐装备起成套的粮食干燥设备，并与仓储、加工环节等设备配套，成为当时我国粮食烘干机应用的主要代表。

近年来，随着日本横流循环和缓苏干燥机的引进和国产化，我国粮食产后干燥机械化得到了有效推进，尤其是东部沿海和长江三角洲地区，催生了大量烘干机生产企业。该类企业技术基础普遍薄弱，缺乏关键核心技术的研发能力，相关产品主要往大型化、系列化发展，对部分关键机构的改进缺乏理论基础，干燥后粮食水分均匀性欠佳，贮藏过程常有粮食颗粒结团现象。相关设备缺乏科学合理的干燥工艺和供热技术，多处于“干燥即可”阶段，干燥过程粮食品质减损、能量浪费严重，缺乏对品质和热能的有效管控。该类设备早期投建时主要以煤、秸秆燃烧供热为主，少量采用油、气燃烧供热。随着“绿水青山就是金山银山”的绿色发展理念深入人心，各地环保政策与排放标准趋严，原有煤炭、秸秆燃烧供热方式因碳氮氧化物和粉尘排放量大，已逐步被政策禁止和市场淘汰。作为替代的电加热和柴油、天然气燃烧供热因运营成本或安全风险高，限制了其在粮食干燥设备的进一步推广。部分地区和生产厂家大力推广空气源热泵作为新的供热源，但粮食干燥环境粉尘大、杂余多。这些粉尘、杂余极易吸附在用于换热的蒸发器和冷凝器翅片上，从而降低热泵机组供热效率，且需频繁清洗，清洗难度大、强度高。因此，受政策、缺乏经济适用的供热源、市场短期瓶颈的影响，近两年我国粮食干燥机械化发展缓慢。

当前，国家对农业生产中的能耗、效率、自动化和环保都提出了较高要求。以石墨烯为核心发热材料的高效率、低能耗远红外粮食烘干机应运而生。与普通热风粮食烘干机相比，远红外粮食烘干机不但能耗低、干燥效率高、无明火更加安全，还能够穿透粮食表面杀死内部的虫卵和黄曲霉菌，保证了干燥后粮食的品质。

## 一、传统热风干燥和远红外干燥技术原理对比

传统热风干燥机首先使用热源加热空气，再将热空气作为介质干燥粮食。在此过程中，介质的热量从粮食颗粒表面慢慢传导至其内部，而水分则从粮食颗粒表层不断蒸发，被空气带走。粮食颗粒中热量扩散和水分扩散的方向相反，使得水分难以扩散至粮食颗粒的表面。因此，传统的热风粮食烘干设备需要设置很长的“缓苏”段，等待粮食颗粒中的水分缓慢扩散至其表面，否则会导致粮食颗粒开裂和“爆腰”，影响烘干后粮食的品质，整个烘干过程耗时很长，效率低下。

远红外辐射作为一种绿色高效的加热方式，广泛应用于农产品干燥。远红外线辐射到物体表面时，一部分被物体表面反射，另一部分进入物体内部，而进入物体内部的远红外线，其中一部分穿过物体，余下的部分被物体内部分子吸收，导致分子运动加剧，转化为热能，使物体温度升高，物体内部温度高于表面温度，电磁波的穿透特性和热效应同时呈现。与传统热风干燥不同，远红外辐照干燥时热量从谷粒内部向外表传递，与水分迁移方向一致，可避免热风干燥时谷粒表层先干固化阻碍内部水分向外迁移的问题，因此，远红外干燥粮食内部水分迁移及汽化所需的能量远低于传统热风干燥，且可有效提高干燥效率和生产率。

在整个烘干过程中，粮食颗粒中热扩散和水分扩散的方向一致，因此远红外辐射能大大加速粮食颗粒干燥过程的同时不引起“爆腰”。由此可见，远红外辐射干燥过程中不但能量利用率高，而且大大提高了干燥速率。现有数据表明，采用红外烘干设备干燥谷物，干燥效率更高，比热风干燥、低温真空干燥能耗更小（表3-5）。

**表3-5 不同干燥方式的单位热能耗**

（翁拓等，2014. 节能技术）

单位：kJ/kg

| 干燥方法 | 单位能耗 | 干燥方法 | 单位能耗 |
|---|---|---|---|
| 热风干燥 | 6 700 | 远红外辐射干燥 | 2 580 |
| 微波干燥 | 2 037 | 低温真空干燥 | 5 333 |

## 二、远红外粮食干燥技术研究进展

近年来，远红外干燥技术的基础和应用研究都发展很快。远红外线可在2 min内将稻米、小麦等常见谷物的内部温度升高至60 ℃，并且其加热速度不受谷物内部含水量的影响。此外，远红外辐射干燥后的粮食中的细菌含量和霉菌含量较热风干燥的产品都大幅度下降，避免谷物在储存过程中发霉变质，干燥后的谷物依然可以作为下一年的种子使用。将真空低温技术与远红外干燥技术联用，不仅可以用于干燥谷物，还可以干燥果蔬，减少干燥过程中维生素的破坏以及营养成分的流失，干燥后的产品口感更好。美国CDT（Catalytic Drying Technologies LLC.）公司研制的触媒远红外干燥设备在水稻分组干燥试验表明：稻谷爆腰率低、品质好，能耗仅为热风干燥的30%左右。Hidaka等在批式循环谷物干燥机基础上开发出一种远红外干燥机，并使用稻谷和小麦进行试验。结果表明：与相同干燥能力的批式粮食循环干燥机相比，耗油量和耗电量大幅下降，稻谷爆腰率降低2%，且不会影响稻谷的发芽率。魏忠彩等研制了一种红外玉米穗干燥试验台，并进行恒温干燥和变温干燥试验，研究了不同参数下玉米穗的红外辐射干燥特性，并优化了玉米穗红外干燥工艺参数。张仲欣等研发了一种竖箱式远红外谷物烘干机，该烘干机内粮食在红外加热管两侧。刘春山研发了一种远红外对流组合干燥机，稻谷干燥试验表明：干燥能耗和爆腰率较单独热风干燥分别降低 28.9%和 2.5%。王润发设计了一种远红外与逆混流引风组合的干燥工艺系统，样机试验表明：稻谷温度较传统的热风横流干燥降低 11 ℃，平均去水速率提高 2 倍，并提高了稻谷干燥品质，降低了干燥能耗。无锡金子农机有限公司（日资）开发了 RVF 系列远红外干燥机，该设备可以使远红外线照射到每粒粮食，保证干燥品质的同时节省燃油 15%、电能 40%（与热风干燥相比），其原理如图 3－2。上海三久机械有限公司开发了循环式远红外干燥机，可大幅度提高粮食味值，较传统热风横流干燥方法提高干燥速率 20%～30%、节约电能 20%～30%、节约燃油 5%，在燃烧室外壁有高温远红外涂层，能够将燃料燃烧的热能转化为远红外线；辐照室内的结构能使远红外线照射到每粒谷物，保证谷物的干燥品质。然而，使用高温远红外涂层首先必须燃烧燃料以获取热能，因此依然存在能量利用率不高和使用明火的安全隐患。

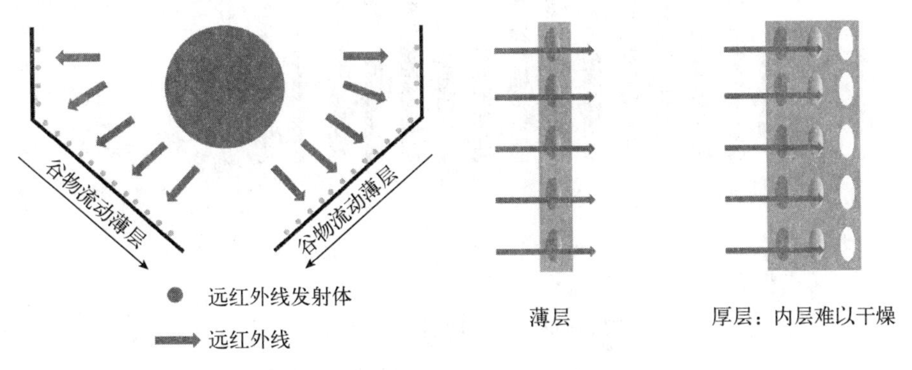


图 3－2　RVF 系列远红外干燥机工作原理

上述研究均表明，远红外辐照干燥粮食较传统热风横流干燥可有效提高粮食品质和干燥速率，降低干燥能耗，但由于采用高温热源发射红外光波，粮食辐照时间短、瞬时强度大，远红外干燥的优势未能充分发挥，急需一种低温红外发射技术（发射源表面温度不高于 60 ℃），远红外发射体可与粮食接触以充分提高干燥品质、效率，降低生产成本，同时避免粮食干燥中出现明火和烟气排放，实现粮食加工中烘干环节的绿色生产。

## 三、石墨烯远红外粮食干燥设备

人们发现石墨烯纳米材料能在较低的温度下（<60 ℃），高效地将电能转化为远红外线，因此被广泛应用于取暖和干燥领域。南京源昌新材料有限公司开发出使用石墨烯薄膜作为远红外线发射元件的谷物烘干机，其工作原理如图 3-3、图 3-4 所示。谷物沿着烘干机内部的远红外辐射板的导流槽自然下滑，同时，用石墨烯远红外辐射板发出的远红外线对谷物进行加热干燥。

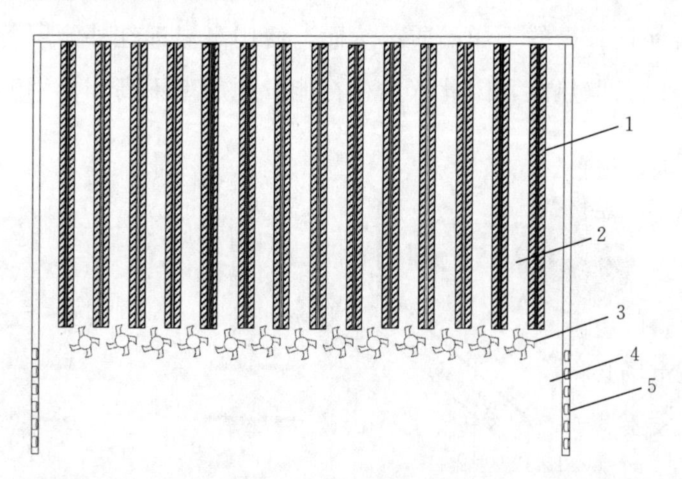


图 3-3　石墨烯远红外谷物烘干机干燥单元剖面示意

1. 远红外辐射板　2. 谷物导流槽　3. 排粮轮　4. 排湿室　5. 通风口

图 3-4 石墨烯远红外辐射板示意

1. 耐磨层 2. 石墨烯远红外辐射层

该新型栅板式远红外谷物烘干机具有烘干体量大、谷物烘干质量高和烘干效率高等优点。得益于石墨烯在低于 60 ℃时亦可发射远红外线的特性，石墨烯远红外谷物烘干机比传统热风干燥机节能 30%；栅板间可以存留大量的物料，增加了设备的干燥体量；远红外线能从谷物内部和表面同时开始加热，加速谷物内部水分蒸发，提高脱水速率 1 倍以上，还能减少谷物因外层失水过快而造成的“爆腰”和龟裂等缺陷，保持物料的完整性，同时缩短了谷物缓苏段的时间，提高干燥效率 50%～70%；输粮轮可以精准控制谷物的流量，既可以防止谷物在干燥室的停留时间过短，干燥效率低的情况，也可以防止谷物在干燥室的停留时间过长而受损。

近年来，我国粮食收获机械化水平已全面提升，根据农业农村部统计的数据，2019 年全国农作物耕种收综合机械化率达 70%。但粮食干燥机械化水平仍然很低，不到 10%，干燥能力与收获能力脱节。每年因天气原因，粮食来不及晒干或未达到安全贮藏水分而造成霉变、发芽的粮食高达总产量的 5%，约 2 500 万 t。尽管近年来实现粮食干燥机械化受环保政策、能耗成本和投资成本影响，发展缓慢，但在我国依然有着非常广阔的市场前景。尤其是解决能耗成本和粮食品质问题后，粮食烘干设备市场必将迎来新一轮井喷式发展。石墨烯远红外粮食烘干设备整体尺寸紧凑、安装简便、无须热风炉，大大降低了购买成本，其核心远红外线辐射装置无机械运动机构，结构简单可靠，能够在低温下长期稳定运行，降低了使用成本和维护费用，非常适合在广大农村地区推广，提升农村粮食加工设备的现代化水平，为农民带来实惠。

# 第四章

# 石墨烯纳米材料在农业上的应用

## 第一节　石墨烯纳米材料在种子、种苗生长中的应用

石墨烯等碳纳米材料对作物生长发育影响方面的研究，主要侧重于石墨烯等新型碳材料对作物生理、毒理方面的影响，主要涉及各类纳米碳材料对作物种子的萌发、幼苗根茎的生长、作物产量和品质等方面的影响。

### 一、石墨烯添加剂对种子、种苗生长的影响研究

已经有诸多研究证实了石墨烯可以促进植物种子的萌发、幼苗的生长。2015 年，佛罗里达大学张明等发现石墨烯可促进番茄种子萌发，该研究者发现石墨烯能够穿透番茄种子的种皮，认为此效应可促进种子对水分的吸收，他们采用热重分析等手段发现石墨烯可使种子水分含量增加 17.5%，从而促进番茄种子发芽和幼苗的生长。

清华大学的朱宏伟教授课题组成功利用氧化石墨烯收集、运输水分的特性来提高菠菜和香葱的发芽率。研究发现，氧化石墨烯（GO）对菠菜幼苗的萌发和生长有显著的促进作用，这是因为氧化石墨烯具有独特的 $sp^2$ 和 $sp^3$ 杂交结构，可以作为土壤中有效的水分运输工具。研究还发现，在植物的表面和细胞内都没有检测到氧化石墨烯，证实了氧化石墨烯不会在植物中积累，这是因为氧化石墨烯和植物根部之间存在静电排斥力，它会附着在土壤颗粒上，这样生长的植物就不会有毒性，这

一发现也证实了氧化石墨烯不具有植物毒性。因此，氧化石墨烯可以作为一种很有前途的无毒添加剂来提高植物产量。

2015年，Chakravarty等研究发现，石墨烯量子点对香菜和大蒜的植株根、茎、叶、花和果实的生长和产量提高都有明显的促进作用。Anjum等研究发现，质量浓度适中的氧化石墨烯（400 mg/L和800 mg/L）有助于蚕豆种子水分含量的增加，并提高种子的过氧化氢酶的活性，降低自身脂肪和蛋白质被氧化的程度，且能够使种子保持细胞膜的完整性，降低细胞电解质液体外泄的程度，从而改善了蚕豆的生长状况，促进蚕豆种子根系的生长。

李尧开展了石墨烯对藜麦幼苗根系形态及生物量的影响研究，结果表明，一定浓度的石墨烯溶液能够很好地促进藜麦的根系生长和生物量的提升，8 mg/L浓度的石墨烯溶液对于藜麦幼苗的根系生长和生物量提升最为明显，具有最大程度的促进作用。姚建忠等的研究显示，适宜质量浓度的石墨烯溶液能够促进欧洲山杨组培苗植株的不定根伸长、主根形成及不定根数量的增加。郭绪虎等证实，4 mg/L和8 mg/L的石墨烯溶液可以促进MS培养基上藜麦根系的生长和发育，且增加了藜麦幼苗的生物量。刘泽慧等发现，25 mg/L的石墨烯溶液对蚕豆地上和地下部分的生长发育具有最佳的促进作用。胡晓飞等研究表明，2 mg/L的石墨烯溶液可以促进树莓组培苗的苗高增加1.46倍，根长、比表面积、根尖数与分叉数的发育增加2倍，并且发现石墨烯并没有进入植物内部，而是通过调控植物根部的外界环境从而对植物体内吲哚乙酸产生影响，使得树莓根尖部位吲哚乙酸含量降低，促进根部维管发育，为植物更好地吸收营养物质创造良好条件。

除石墨烯外，其他碳纳米材料也对种子的生长具有促进作用。2015年，Tripathi等研究发现，碳纳米材料能够促进小麦萌发后根和茎的发育。Nair等也发现碳纳米材料可提高水稻种子的发芽率，并促进水稻幼苗生长。

目前，石墨烯纳米材料影响作物生长的作用机理研究比较有限，难以形成规律性的结论。可能的机理有：石墨烯可穿透种子表皮，促进种子水分含量增加；石墨烯可促进植物根部水通道蛋白基因表达，促进根系生长；石墨烯表面的亲水、疏水基团产生桥联作用促进植物对水分的吸收；石墨烯促进根部细胞内线粒体增多，提高植株 ATP 能量水平；石墨烯比表面积大，能提高土壤对养分离子（如 $NH_4^+$ 和 $NO_3^-$）的吸持力和根系细胞外电化学势梯度，促进离子进入根系细胞，减缓营养离子流失；石墨烯骨架是由 C 原子组成的，其表面富含含氧官能团，包括羧基（—COOH）和羟基（—OH），这些官能团能以电荷吸引方式来吸附土壤中的阳离子，包括铵根离子（$NH_4^+$）和钾离子（$K^+$）等，间接为植物提供了营养物质，促进其生长发育，增加株高和促进叶片的光合作用。总体来说，石墨烯纳米材料在种子种苗的种植与生产方面具有非常大的潜力。

## 二、石墨烯复合材料在种子、种苗生长中的应用

石墨烯是由单层碳原子组成的二维碳纳米材料，具有高力学强度和化学性质稳定等特点。添加石墨烯的复合材料能够从多个方面改善传统材料。将石墨烯添加到聚丙烯粉料中，形成的复合材料弯曲模量显著提高，产品刚性得到改善。在树脂基体中添加氧化石墨烯能够显著提高材料的结构强度和能量吸收率。温室无土栽培的过程中，种子首先和种植板接触，种植板的好坏直接影响种子的发芽率。青岛德通纳米技术有限公司发明的石墨烯种植板环保、寿命长，可抑制细菌滋生。石墨烯复合种植板除杀菌、抑菌性能优异外，还具备以下三大优势：①防水、防霉，疏水性好，网状结构确保透气性，提高基质使用寿命。②质轻，容易施工，闭孔式发泡结构，具有轻质、强度高的特性，便于加工，安装方便。③环保无害，食品包装级材料，绿色、环保。

推测石墨烯抑菌的原理，一是石墨烯在瞬间内破坏细菌细胞膜而使细菌失活；二是石墨烯可引发细菌细胞内某些物质氧化损伤，从而使细菌细胞死亡。具体来说，一是“纳米刀机制”，单层石墨烯的厚度是0.34 nm，细菌的大小约为800 nm，石墨烯相对于细菌而言是非常锋利的二维材料，就像锯刀一样。水流中的细菌碰触到石墨烯时瞬间就会被刺破割裂细胞膜而死亡。二是可能由于石墨烯引发氧自由基进而诱发了氧化损伤；当细菌暴露在氧化石墨烯环境中时，会产生超氧自由基阴离子，从而引起氧化应力，使细菌DNA断裂而起到杀菌的作用。三是石墨烯片层可以阻隔微生物和营养物质，使微生物得不到营养物质的补充而死亡。

## 第二节　石墨烯纳米材料在肥料、农药上的应用

在人口日益增长的形势下，人们对粮食增产的要求也越来越高。无论是发达国家还是发展中国家，化肥的施用都是粮食增产的有效手段。目前，我国是世界上化肥使用量最多的国家，但是我国化肥对粮食增产的贡献率却只有50%左右。据调查，我国农民大多根据传统经验来决定化肥的使用量及品种，不考虑各类化肥的特性，单一、过量的使用化肥所造成的后果也是无法估量的。

化肥是由大量元素、微量元素共同组成的，不包含有机物质和腐殖质。氮元素是化肥的主要组成部分，但是却具有易流失、易挥发的缺点，利用效率只有30%～50%。因为磷酸根化学性质过于活泼，施入土壤的磷极易形成难溶性磷，所以化肥中的磷元素的利用效率仅仅只有10%～25%。当过量施用化肥后，易造成土壤中有益微生物和蚯蚓的大量死亡。使土壤缺少有机物质和腐殖质，导致土壤团粒结构损坏，土壤活性下降，土壤板结严重，导致农作物产量下降。化肥一般成分较为单

一，但是农作物的生长需要多种元素，长期使用化肥易使作物生长过程中营养失调，从而导致作物品质下降。化肥的长期使用，使农民种地的成本不断增加，虽然农产品产量增加了，但是农户增产不增收的现象却越来越多。

农田中过量使用化肥，土壤养分失衡，有些土地有害重金属含量和有害病菌量超标，种植出来的农产品质量不合格，也会使农产品中硝酸盐含量超标，而亚硝酸盐与胺类物质结合形成 $N$-亚硝酸基化合物为强致癌物质，食用后对人体危害极大会引发中毒及诱发其他病症。所以化肥的低利用率和施用不平衡所带来的环境问题备受关注。如何提高化肥利用率，减少肥料施用量是我国化肥研究发展的方向。

近年来，碳纳米材料作为添加剂在土壤保肥、提升肥料利用率、促进农作物生长等方面的应用备受关注。石墨烯作为碳纳米材料的一种，可以用来制备高效碳纳米肥料，不仅能提高肥料的利用率，减少肥料的用量，而且使用特殊材料包膜的纳米缓释肥料，还具有保水、调理土壤的作用，具有广泛的应用前景。

同样，农药在我国农业领域和粮食安全方面扮演着重要的角色，现有的农药种类繁多、专一性强，效果较好，有效控制了农业病虫害的发生，大幅提升了粮食产量。然而，在频繁大量使用传统农药时，仅仅有少量的药剂可以到达作用靶标，而大量的农药则流入土壤和水域，造成了严重的环境污染。农药残留、病害虫的再猖獗、有害生物抗药性的发生都与长期大量使用农药相关。自 2015 年实施《到 2020 年农药使用量零增长行动方案》以来，我国开启了农药增效减量行动的序幕。开展绿色、高效的农药制剂研究与开发是农药增效减量的根本，也是当前农业工作者的重要研究课题。

## 一、石墨烯在高效纳米肥料上的应用

纳米肥料是运用新兴的纳米技术、医药微胶囊技术以及化工微乳化技术研发的一种新型肥料。同其他纳米材料一样，纳米肥料同样具有小尺寸效应，其比表面积相对较大，因而具有强吸附力，使其肥效明显提高，同时可以不受土壤类型等复杂因素的影响，可大大减少对土壤和地下水的污染，减少对农作物的污染，同时极大地提高产量，因此，被称为“环境友好型肥料”。根据结构和效应，人们把纳米肥料分为纳米结构肥料、纳米材料胶结包膜缓/控释肥料、纳米碳增效肥料、纳米生物复合肥料四大类。其中，石墨烯纳米增效肥料是充分利用石墨烯纳米材料的表面效应、小尺寸效应和量子尺度效应，与植物所需的大量和微量营养元素结合而成的一种新型含纳米碳增效肥料。该肥料具有快速吸水功能，能增加水的溶解能力，提高水的细胞生物透性等，从而增强植物的光合作用，增加植物根系吸收养分和水分的能力。

据报道，澳大利亚阿德莱德大学化肥技术研究中心与世界上最大的磷酸盐和钾肥联合生产商马赛克公司达成了一项价值850万美元的合同，旨在研究石墨烯材料在肥料中的应用，将氮、磷酸盐等营养元素以及必需的微量营养元素加载到石墨烯氧化物片上生产出有效的缓释肥料。Kabiri等将铜、锌等矿质元素装载在石墨烯材料中制成缓释肥，能够显著促进小麦根系对矿质元素的吸收。我国开展纳米碳增效肥料的研究较多，刘键等将纳米碳添加在肥料中制成纳米碳增效肥，发现纳米碳增效肥能够促进萝卜、甘蓝、茄子、辣椒、番茄、芹菜和韭菜等作物快速生长，有20%～40%的增产效果，并提早上市5～7 d，从而提升经济效益。与普通肥料相比，纳米碳增效肥能使水稻增产10.29%、玉米增产10.93%～16.74%、大豆增产28.81%，且能使大豆中的脂肪含量增加13.19%，提高了大豆的含油量。薛照文研究了纳米碳肥料增效剂在不同施肥量时对秋马铃薯产量、植株抗逆性和经济效益的影响，发现纳米碳肥料增效剂在秋马铃薯产量上表现出一定的增产效果，并具有明显的节肥作用，同等产量水平下可节肥10%～40%。

广西田园生化股份有限公司发明了一种含石墨烯纳米材料的叶面

肥，农作物施用该叶面肥能高度活化植物所需的各种养分，促使植物吸收，提高肥料利用率，增产效果突出。另外，该公司还研发了一种含纳米石墨烯的药肥及其制备方法。该方法使用石墨烯与石墨烯的衍生物作为农药载体，通过物理吸附的方式，将农药活性成分负载于石墨烯材料中，再与肥料混合。纳米石墨烯可延长农药的释放时间，并且对肥料具有明显的增效作用。苏州鱼得水电气科技有限公司发明了一种用氧化石墨烯制成的新型生物复合肥料。该发明提供的新型生物复合肥料具有优异的缓释和防结块性能，因此具有良好的肥效。

石墨烯肥料在蔬菜领域和食用菌领域的应用实践表明，石墨烯可以实现作物的增产。据石墨烯林业应用国家林业和草原局重点实验室提供的信息，施用石墨烯增效复合肥种植的红萝卜每根可达 2.5 kg。在食用菌领域，相比于对照组，施用石墨烯复合肥后，出菇率可提高 40%，可使羊肚菌鲜菇每亩产量达 400 kg，年产值可达 8 万元；对于白参菌的种植，施加石墨烯后的菌袋，白参菌出菇更快，产量更高，比对照增产约 28%；香菇菌棒注水过程中，添加 0.2 g/L 石墨烯并配合普通化肥后，可使香菇增产 22.7%。

石墨烯作为纳米肥料不仅能提高肥料的利用率，而且使用特殊材料包膜的纳米缓释肥料，还具有保水、调理土壤的作用，具有广泛的应用前景。研究表明，在土壤中适当添加石墨烯，不仅有利于种子萌发及幼苗生长，而且有利于提升作物产量及品质。在肥料中掺杂适量的石墨烯，不仅可以增加土壤的黏粒含量，改善土壤团粒质量，而且可以提高土壤对于养分的吸附保持功能，减少径流中氮磷钾等养分的流失，从而提升化肥利用率，起到节肥增效的作用。隋祺祺等通过土柱淋溶试验研究了石墨烯溶胶配施化肥后对土壤中养分流失的影响，以探究石墨烯溶胶的保肥作用。结果表明，石墨烯溶胶与化肥配施于土壤后对淋溶液的电导率，氮、磷及钾的含量均有影响，且添加的石墨烯溶胶浓度越大影响越明显。石墨烯溶胶与肥料施入土壤中，可明显减少土壤中养分的淋溶损失，对土壤中的养分有明显的持留效果，具有保肥的作用。

科研人员在石墨烯复合纳米结构肥料方面的相关研究表明：施加石墨烯复合纳米结构肥料后，植物的养分吸收效率与产量有明显提升。石墨烯对肥料的增效原理有以下四个方面：①石墨烯的比表面积大，可以有效地吸附养分离子，促进土壤养分吸收，从而起到增效节肥的作用。②石墨烯可增强植物呼吸作用，提高光化学反应速率。由于纳米碳能够从 $NH_4^+$ 中吸出 N 元素，释放出 $H^+$，$H^+$ 是植物吸收土壤水分和溶解于水中的营养元素的动力源，因此，石墨烯的添加可以增强植物的光合作用。③石墨烯通过吸附作用，可减少氨的挥发。④石墨烯可促进植物根系生长。虽然纳米碳材料与肥料混合使用会对植物的生长发育有促进作用，但使用不当也会产生一定的抑制作用，这与材料浓度、种类以及植物品种、生长条件有关。目前，对于碳纳米材料与作物之间的作用、调节机制等方面的研究还很缺乏。因此，碳纳米材料对作物的影响方式、进入途径以及对作物的基因表达、信号转导等的作用将成为今后相关研究的主要方向。

## 二、石墨烯在提高植物抗逆性上的应用

盐碱地改良是一个世界性难题，改良方法主要有水利法、物理化学法和生物法等。有研究表明，石墨烯可以提高作物的抗盐碱能力。薛斌龙等以欧洲山杨组培苗为试验材料，研究氯化钠、聚乙二醇 6000 胁迫下，石墨烯溶胶对欧洲山杨生长和生理特征的影响，发现（4 mg/L、7.5 mg/L）石墨烯溶胶能够有效缓解氯化钠对植株的胁迫，其作用机理主要与石墨烯溶胶对提升植株有机质的吸附作用有关。

盐胁迫对植物个体形态发育具有显著的影响，整体表现为抑制植物

组织和器官的生长。而适当浓度的氧化石墨烯添加可减轻盐胁迫对植株的伤害，促进植株在盐胁迫环境下根系的形成和植株生长。氧化石墨烯是石墨烯的氧化形式，其表面具有丰富的官能团，能够使原本惰性的碳层变得活泼，为各种反应的发生提供了大量表面活性位点，提升吸附、催化等化学反应的活性。薛斌龙等发现，与在生根培养基上不加氯化钠和氧化石墨烯的对照相比，在含 75 mmol/L 氯化钠的生根培养基上培养 35 d 后，树莓组培苗的形态发生明显变化，植株叶量减少，株高降低，根系发育差，而氯化钠胁迫下加入 2 mg/L 氧化石墨烯处理，植株叶量增加，生根效果好转。氧化石墨烯能够吸附抗氧化酶，并且其具有的巨大表面积能够为其提供反应位点，从而通过吸附作用提升抗氧化酶反应效率，提升植株抗氧化能力。

另外，山西大同大学炭材料研究所已成功将石墨烯复合增效肥应用在黄河流域盐碱滩造林和矿区修复，取得了良好的效果。该研究所建成了 100 t 级石墨烯增效复合肥生产线，在新疆昌吉回族自治州利用石墨烯增效肥种植棉花，形成农业生产石墨烯施肥工艺软件包，并规模化推广应用；在右玉县万亩光伏产业园的光伏板间隙处利用石墨烯增效肥种植油用牡丹，形成工艺包，并大面积推广；与大同市云州区昌正农牧有限公司合作用于 6 000 亩油用牡丹培育项目，均是石墨烯在盐碱地开发利用上的生产实践。

## 三、石墨烯在高效纳米农药上的应用

防治病害虫是农作物生产过程中的重要环节，病害虫对农作物的危害主要表现在根系、茎、花、果实和种子。发生病虫害时，容易造成农作物产量不同程度的下降，有的甚至造成绝产。也会造成植物果实有残缺、空洞和疤痕，破坏农产品外观从而降低农作物品质。

农药是我国预防和减少生物灾害，保障粮食生产发展的重要物质。但传统剂型的农药存在有机溶剂使用量大、粉尘飞扬及分散度较低等缺点，导致绝大多数的农药都会流失到环境中，仅有不足1%的农药能够将其作用到靶标位点，从而对人体和环境造成很大的危害。农药的长期大量、重复地施用，不仅影响到农产品质量安全，更危及农业生态环境安全和农业可持续发展。

将先进的纳米材料和科学技术广泛地运用到农药研究中，可以通过改变农药的物理和化学性质，使其转变成一个高分散、容易悬浮在水中的稳定均相物系统，充分提高了农药的利用率，减少了农药的残留，降低了环境污染。利用石墨烯超高的比表面积，将农药分子与石墨烯结合，开发药效好、残留少、费用低、安全性高的石墨烯纳米农药将是未来农药的发展方向之一，石墨烯水剂型农药有效成分高达10%～15%，农药抗紫外线性能好（提升3～4倍），农药释放周期长（超过1周）。并且相对于传统农药，石墨烯纳米农药具有成本优势。

氧化石墨烯，一种由单层碳原子构成的二维纳米材料，因其表面含有丰富的含氧官能团，从而表现出良好的水溶性和稳定性。同时，氧化石墨烯还具有通过π-π堆积、疏水作用、氢键作用负载苯环类似结构药物的能力。二维氧化石墨烯纳米薄片可通过切割氧化应力包裹机制影响细胞新陈代谢，从而导致细胞死亡。这表明二维氧化石墨烯可以作为药物载体发挥抗菌增效作用。

爱特克（北京）环保科技有限公司发明了一种石墨烯和杀菌剂的复配组合物。将石墨烯或氧化石墨烯与嘧菌酯、氟环唑或啶酰菌胺按一定比例混合，加入助剂及填料可制成水分散粒剂、湿性粉剂和悬浮剂，对菌核病、水稻纹枯病和灰霉病的防效均超过单一杀菌剂。该发明的石墨烯和杀菌剂的复配组合物对于抑菌增效作用比较明显，对于防治植物真菌和农药的减量使用，减少环境污染具有重要作用，可广泛应用于农业领域。

2019年，中国农业科学院植物保护研究所粮食作物害虫监测与控制创新团队创新性地将氧化石墨烯作为农药的增效剂，显著地提高了农药的生物活性。该研究通过静电作用将三种农药负载到氧化石墨烯上形成氧化石墨烯复合农药，可有效地提高农药对亚洲玉米螟的生物活性。氧化石墨烯对农药的增效机制分为三种：①氧化石墨烯尖锐的片层结构可机械地损伤昆虫的体壁，造成昆虫迅速失水。②损伤的体壁为农药对昆虫体壁的穿透提供新的通道。③吸附了农药的氧化石墨烯可沉积到玉米螟的体壁上，提高了农药的利用率。

还有研究表明，石墨烯的前驱体氧化石墨烯（GO）对杀虫剂具有增效性能，2017 年 Sharma 等人报道 GO 可负载约 400%的农药。将硒化铜负载到 GO 上所形成的复合物，具有光热、光催化及抗漂移的性能。GO 的光热性可防治日出性害虫，光催化性能有助于农药残留的降解。中国农业科学院植物保护研究所王秀平发现 GO 对三种杀虫剂 β-氟氰菊酯（Cyf）、杀蝉（Mon）和吡虫啉（Imi）具有良好的增效作用，能提高三种杀虫剂对二斑叶螨和截形叶螨的活性。

植物病原菌在自然界中广泛存在，其中包括病毒、细菌、真菌等，在植物幼苗时期，病原菌对植物为害程度极高。立枯病就是其中一种较为常见的病原菌，在种子播种后尚未发芽时，立枯病易造成种芽的腐烂；在植株幼苗破土而出时，会造成幼苗的茎叶腐烂，从而导致幼苗枯萎甚至死亡；它还会侵入植株的根茎，造成其内部组织的腐烂甚至坏死。山西大同大学炭材料研究所有关研究人员介绍，石墨烯是一种潜在的不会产生耐药性的物理“抗生素”，在猕猴桃溃疡病菌培养基中可有效抑制菌球的形成。这种功能化石墨烯材料的抑菌特性为以后进一步研究在防治猕猴桃叶片、枝条上溃疡病发生提供了重要基础，具有重要意义。石墨烯的增效性和抑菌性，将会为未来的低毒、绿色、高效的石墨烯农药开发和研究带来一场革命性的巨大改变，提高农药的利用率，减少农药的残留，降低环境污染，改善农产品的质量，促进农业生产节本增效，实现农业可持续绿色发展。

# 第三节　石墨烯纳米材料在养殖业上的应用

## 一、石墨烯在畜禽水产养殖业上的应用

随着经济的快速发展和人们生活水平的提高，我国肉类需求量快速增加，畜禽、水产养殖业快速发展，养殖废水处理难度加大。目前，养殖废水的处理方法主要有自然处理法、生物处理法、物化处理法等。采用自然处理法需要大量的土地，废水处理周期长，还会对土壤、河流等的生态造成严重破坏。物化处理法对养殖废水中的化学需氧量（COD）、铵氮及重金属等有一定的去除能力，但净化效果欠佳，还不能大规模地推广应用。生物处理法对养殖废水中污染物的浓度有较高的要求。

氧化石墨烯以其超大的比表面积、良好的亲水性及超强的吸附性等特点引发人们对其在畜禽养殖废水处理中的应用研究。用氧化石墨烯与黄假单胞菌联合体系处理畜禽养殖废水的研究表明：在相同的条件下，相比于单一的处理体系，该联合体系对养殖废水污染物的处理能力COD、铵氮、总氮和总磷提高了数倍，可能的原因是黄假单胞菌适应了环境后，将氧化石墨烯原位还原成石墨烯，石墨烯增强了联合体系对污染物的吸附降解作用。石墨烯在畜禽养殖废水处理中的研究还处于初期阶段，对污染物的处理机理还不太明确，还需要更多的实验数据作为支撑。

## 二、石墨烯在养蚕业上的应用

蚕丝是一种功能性蛋白质纤维，具有优异的机械性能、良好的生物相容性和生物可降解性，已被广泛用于生物传感器、生物医用材料和智能设备等领域。为了扩展蚕丝的应用，研究者已经通过各种不同的方法对蚕丝进行改性，赋予其新的功能，其中添食育蚕法操作简单、绿色环

保且工业化前景广阔，主要有石墨烯喂食、氧化石墨烯喂食、石墨烯复合材料喂食三种方式。研究表明，石墨烯及其衍生物赋予纺织品的多种功能，包括导电、紫外线防护、疏水、抗菌和阻燃等。

石墨烯喂食法主要分为2种：一是将石墨烯材料喷洒在桑叶上或将桑叶浸渍在石墨烯溶液中；另外一种是将石墨烯材料混在家蚕的人工饲料中，家蚕在进食过程中摄入石墨烯材料，一旦被吸收后，石墨烯材料有可能到达并聚集在丝腺器官中，最终在成丝过程中进入蚕丝纤维。清华大学张莹莹团队给桑蚕喂食石墨烯或者单壁碳纳米管，待其结茧后，用标准丝绸生产方法收集蚕丝。与普通蚕丝相比，这种“碳加强版”蚕丝的强度和韧性提升了一倍，同时也能在断裂前多承受50%的拉力。碳化蚕丝的电导率高出10倍。氧化石墨烯的添食对家蚕正常生长、蚕茧外观及蚕丝表面形貌无明显影响，能提升脱胶丝的力学性能。而喂食二氧化钛和氧化石墨烯2种混合纳米材料后的蚕丝纤维断裂强度显著增强，纤维表面的杂质比空白蚕丝纤维有所减少。南通大学纺织服装学院利用蚕丝纤维上的还原基团，在织物上将氧化石墨烯（GO）原位还原成还原氧化石墨烯（RGO）。结果表明，氧化石墨烯-蚕丝织物达到了很好的紫外线防护级别。而这种含有碳纳米材料的蚕丝可应用在耐久防护织物、可生物降解的医学植入物及环保型可穿戴电子设备中，前景广阔。

## 第四节　石墨烯纳米材料在农业面源污染防治中的应用

### 一、农业面源污染概念

农业面源污染又称农业非点源污染，是指在农业生产和生活活动中溶解的或固体的污染物，如氮、磷、农药及其他有机或无机污染物质，从非特定的地域，通过地表径流、农田排水和地下渗漏进入水体引起水质污染的过程。典型的农业面源污染包括农田径流（化肥、农药流失）和渗漏、农村地表径流、未处理的农村生活污水、农村固体废弃物及小型分散畜禽养殖和池塘水产养殖等造成的污染。

目前，我国农业面源污染的来源日趋多样化，化肥农药施用、农田固体废弃物和畜禽粪便构成了农业面源污染的三大污染源。化肥农药施用和畜禽养殖引起的面源污染仍占主导地位。在传统观念的影响下，农村大部分的种植户为追求农作物的产量而大量使用化肥、农药。随着耕地面积的减少，为提高农作物的产量，也加剧了化肥、农药的使用。种植过程中施肥以氮、磷、钾肥为主，但化肥用量过大或是使用不合理，会导致土壤板结、土壤和水分流失，造成对地表水、地下水的污染。氮、磷、钾肥中又以氮肥最为普遍，但氮肥用量过多易使作物倒伏，造成粮食减产，也会使作物抗病虫能力下降，病虫害增加，从而导致农药用量增加，进而产生恶性循环。一般来讲，只有10%～20%的农药附着在农作物上，而80%的农药则流失在土壤、水体和空气中，并于灌水或降水时在淋溶作用下污染地下水。另外，我国养殖规模逐渐扩大，畜禽养殖粪便未经处理经雨水冲刷，通过径流溶于河道、湖泊，造成水体水质恶化和水体有机物严重超标，致使水体发黑发臭。水产养殖以集约化、高密度养殖模式为主，导致养殖尾水排放量增加和环境污染日益严重。水产养殖过程中由于大量的投饵，致使水体氨氮、亚硝酸盐、含氮和磷有机物等污染物含量升高，导致水体富营养化严重。

## 二、石墨烯在污染水体净化中的应用

石墨烯纳米材料具有强吸附性和巨大的比表面积，特别是对污染水体中的农药和重金属吸附力强，在农业污染物吸附以及水体修复等领域应用潜力巨大。吴晓丽等发现，以5 mg石墨烯作为吸附剂，结合气相色谱分析了样品中的8种菊酯类农药，发现农药回收率达到75%以上，相对标准偏差小于10%。用10 mg石墨烯作为净化吸附剂时，黄瓜样品的农药回收率为44%～92%，而菠菜样品能达到103%～107%。另外，石墨烯涂层和氧化石墨烯涂层的利用，可以富集2，4，6-三氯苯甲醚污染物（TCA）和邻苯二甲酸二丁酯（DBP）两种污染物。目前，肥料、农药过量施用及其引起的环境污染问题，特别是水体中农药污染及有害物质的去除问题引起了人们的广泛关注。基于石墨烯的优良吸附特性，石墨烯对吸附净化化肥农药过量施用产生的污染物有着巨大利用前景。

王永娟等研究发现，石墨烯基纳米材料（GNs）具有独特的物理化学性质，是优异的吸附材料，但吸附过程中易团聚、吸附完成后难分离等问题限制了其应用。磁性石墨烯基纳米材料（MGNs）不仅结合了GNs的优良吸附能力和磁性材料易于分离的特性，还解决了GNs易团聚和重新堆积的问题，在水处理领域有广阔的应用前景。用于吸附剂的石墨烯纳米材料通常是指含少量氧元素的石墨烯，包括氧化石墨烯（GO）和GO还原得到还原氧化石墨烯（RGO）。大量研究表明RGO/GO与有机污染物之间存在π-π键相互作用，可去除难生物降解的有机污染物，将磁性材料负载在GO/RGO上可制成MGNs。MGNs可以高效去除水中的金属离子，包括铜、铅、铬、砷等高毒性污染物；MGNs可以有效去除水中常见的抗生素，如环丙沙星（CIP）、四环素（TC）、土霉素、磺胺嘧啶等；MGNs还可以去除水中的酚类化合物、苯胺类化合物、油类、内分泌干扰物及农药等，机理主要有疏水效应、π-π键、氢键、共价键、范德华力和静电作用。然而，由于MGNs的制备方法和步骤较为复杂、使用的材料危险性高、价格昂贵，且仅处于实验室研究阶段，难以实现工业化生产。今后的研究应探索一种绿色、高效、经济的合成方法促进MGNs的研究和实际应用。

随着我国设施畜禽养殖业规模化、集约化的快速发展，畜禽养殖废水每年产生的量越来越大，加之环保要求越来越严，使得废水处理难度加大。氧化石墨烯由于具有超大的比表面积、良好的亲水性、超强的吸附性等特性，成为设施畜禽养殖废水处理的热门材料，备受各国相关从业人员的关注。氧化石墨烯还可应用于对有机物的吸附，更倾向于吸附阳离子型有机物和极性芳香烃类化合物。石墨烯对 1，2，4-三氯苯（TCB）、2，4，6-三氯苯酚（TCP）、2-萘酚和萘（NAPH）4 种有机污染物均具有很好的去除作用，去除效果分别为 NAPH＜TCB＜TCP＜2-萘酚，石墨烯对 TCP 和 2-萘酚的高吸附主要归因于 TCP 的羟基与 2-萘酚和石墨烯上的含氧官能团之间的 H 键的形成。二氧化锰-氧化石墨烯复合材料能吸附环丙沙星等抗生素药物，当吸附时间4～12 h 时，环丙沙星的去除率达到 90%～97.9%，吸附接近饱和，且能够反复循环利用，循环 3 次后对环丙沙星的去除率仍可达 60%以上。

石墨烯表面由于含氧官能团的存在，当 pH＞3.9 时，氧化石墨烯表面带负电，与金属阳离子发生静电吸附作用。氧化石墨烯溶液 pH 接近中性时，对铜、铬和铅等重金属具有超强的吸附性，其对 $Cu^{2+}$ 吸附能力是活性炭的 10 倍。将石墨烯应用于水中重金属离子的吸附，发现石墨烯对水中 Cr（Ⅵ）、Pb（Ⅱ）的去除率达到99%，去除水体重金属效果极为显著，为今后防治土壤和水体中的重金属提供可行性途径。

# 第五章

# 石墨烯在现代农业上的应用分析

## 第一节　我国现代农业发展现状与趋势

### 一、现代农业与农业现代化

农业是人类赖以生存的基础产业，纵观人类农业发展史，大体上可分为原始农业、传统农业和现代农业三个阶段。现代农业是在传统农业发展的基础上，伴随着工业化进程的加快逐渐演化而来。关于现代农业的定义和内涵，众多学者从多种角度进行了论述，黄铁平认为，现代农业是以现代商品经济为纽带、以社会分工和社会协作相结合的社会化大生产，是农业生产力向更高层次发展的必然结果。李荣喜认为，现代农业是一个用现代科学技术和现代工业产品来装备农业，用现代经济管理科学来管理农业，使传统农业转化为社会化、商品化农业，也是人口、资源、环境、经济协调的、可持续的农业。邓洪峰将现代农业的内涵概括为："是以提高农业劳动生产率、资源产出率和商品化率为途径，在家庭经营基础上，用现代工业装备农业，用现代科学技术发展农业，用现代经营管理方法来组织农业，用高效的信息来服务农业，促进农业生产规模化、绿色化、专业化、信息化、市场化，实现产加销一体化、农工贸融合化的产业形态和多功能的产业体系。"综上所述，一般认为现代农业的主要特征体现为市场化、信息化、科技化、产业化、组织化和社会化。

我国在20世纪50年代就提出了农业现代化概念，并将其概括为："机械化、化学化、水利化和电气化"，简称农业"四化"。而在西方相关经济理论中，并没有农业现代化这一说法，但目前世界发达国家基本实现了农业现代化。20 世纪 30 年代开始，发达国家运用机械技术和化学技术改造传统农业，基本实现了农业现代化，随后的新一轮科技革命浪潮中，信息技术、生物技术、工程技术等高新技术在农业领域全面渗透、广泛应用，促进农业现代化水平不断提升。美国依托其雄厚的农业科技基础（比如孟山都科技公司），构建了国际市场上最具竞争力的农业产业，是世界上人均粮食年产量超过 1 t 的国家，也是世界上最大的粮食生产国和出口国。日本人多地少，但其农业现代化处于世界领先水平，水稻、豆类、饲用玉米、蔬菜、水果、花卉等农作物生产技术较为先进。同时，日本的食品与水产品大量出口，其上市公司的市值占据日本总产业的 10%，成为出口创汇的主要部门。荷兰人均农业用地仅 2 亩，因此荷兰农业坚持集约化和工厂化发展道路，当前，其温室无土栽培技术居世界首位，农产品出口率达 70%，出口额占全球市场的 9%。澳大利亚的农业发展水平和生产效率均很高，人均农业生产总值排名第一。

党的十八大以来，我国农业现代化取得巨大成就。自 2004 年起，我国粮食产量实现 12 连增，主要农产品供给充足，保证了国家粮食安全和农产品有效供给，农业逐步走上高质量发展道路，新型农业经营主体日益壮大，农业科技进步贡献率逐年提高，为国民经济平稳健康发展提供了坚实基础。当前，我国进入了社会主义新时代，农业现代化的内涵更加丰富。习近平总书记关于农业科技发表了一系列重要论述，2013 年 11 月，他在山东省农业科学院视察时强调：要给农业插上科技的翅膀，按照增产增效并重、良种良法配套、农机农艺结合、生产生态协调的原则，促进农业技术集成化、劳动过程机械化、生产经营信息化、安全环保法治化，加快构建适应高产、优质、高效、生态、安全农业发展要求的技术体系。2017 年 5 月，习近平总书记在致中国农业科学院建院 60 周年的贺信中指出：中国是农业大国，有着悠久农耕历史和灿烂农耕文化。农业现代化关键在科技进步和创新。要立足我国国情，遵循农业科技规律，加快创新步伐，努力抢占世界农业科技竞争制高点，牢牢掌握我国农业科技发展主动权，为我国由农业大国走向农业强国提供坚实科技支撑。2018 年 9 月，习近平总书记在黑龙江北大荒建三江国家农业科技园区考察时提出：中国现代化离不开农业现代化，农业现代化关键在科技、在人才。要把发展农业科技放在更加突出的位置，大力推进农业机械化、智能化，给农业现代化插上科技的翅膀。

## 二、现代农业发展趋势分析

近年来，我国农业农村发展取得了较大成就，但面临的挑战依然严峻，农业供给质量亟待提高、农村环境和生态问题比较突出、新型职业农民队伍建设亟待加强。在资源环境约束趋紧的背景下，农业发展方式粗放型的问题日益凸显。主要表现在耕地数量减少、土地质量下降、土地过度使用而缺乏休耕。更严重的是工业化导致地下水超采、工业“三废”和城市生活垃圾等污染源向耕地扩散，污染加重，进一步导致农产品质量安全风险增大。仅通过对有限的土地精耕细作来实现农业高效产出，显然不能满足我国现代农业发展的要求，因为这将受土地资源、过度使用带来的土地质量恶化、季节、气候变化等因素的影响。今后，集约化和工厂化是现代农业发展的大趋势。而实现农业工业化包括以下两个要点：一是温室工厂及其无土栽培技术，包括远红外采暖技术、灯光、温度、湿度、通风、营养液、pH、抑菌杀菌调控等，要重点强化节能日光温室、保温大棚和遮阳防雨棚等设施的科技创新，加快技术提档升级，积极培育设施设计建造、生产资料供应、作物生产、产后处理和市场营销等完整产业链以及金融、信息、技术、生产、安全等完整服务体系。二是农业的智能化管理，包括物联网技术、数字化管理、实时监控、AI 技术、自动化技术等，加快推进人工智能、大数据、区块链、

5G等现代信息技术在农业生产领域的应用，大力推动“智慧农业”发展。

新形势下，构建以国内大循环为主体、国内国际双循环相互促进的新发展格局，必须以关键核心技术自主攻关为根本支撑，占据全球产业链供应链的最高端。推进农业现代化要紧紧围绕粮食安全、节本增效、质量提升、生态改善、现代经营等多项目标，加强生物种业、现代食品、农机装备、智慧农业、绿色投入品等重点领域的科技创新与成果应用，努力在核心技术领域突破一批关键技术，抢占科技制高点，全面提高我国农业的核心竞争力和国际竞争力。

## 第二节　我国现代农业发展面临的挑战

当前，我国现代农业发展面临着重大的机遇和挑战。一是中央高度重视粮食、生猪等重要农产品生产；二是面临着耕地不断减少、环保要求提高、农民增收难度加大的压力，迫切需要颠覆性的科技创新，实现农业新的飞跃。

### 一、粮食安全和资源环境面临双重压力

我国用世界7%的耕地面积养活了世界22%的人口。肥料和农药在保障国家粮食安全中发挥了重要作用。然而化肥农药的过度施用以及利用率低下的问题长期困扰着我国农业生产。我国是世界上化肥生产和施用量最多的国家，一些化肥随着径流、渗漏和挥发等途径白白流失，增加粮食生产成本的同时，还导致土壤pH降低，次生盐渍化严重，有机质含量低，硝态氮和速效磷富集，地下水硝酸盐超标等问题，影响农业生产效率和农产品的质量。面对当前粮食安全和资源环境的双重压力，我国现代农业发展必须同时实现作物高产、资源高效和环境保护，我国的肥料农药发展应以“减量化、绿色化、高效化”为核心，实施“以质

量替代数量”的发展战略，研发药肥一体、缓释肥等新型产品，提高利用率，减轻能源消耗和环境污染。

## 二、设施农业迫切需要提档升级

2018年，我国设施园艺栽培面积与人均供应量已居于世界首位，但由于设施类型多样，地域环境差别较大，相关的基础研究和应用研究起步晚，在设施结构、品种选育、环境调控、栽培技术等方面与发达国家差距较大。我国设施园艺90%以上的栽培面积为简易保护设施，特别是农户自建的温室大棚结构性能差，设施装备落后，使得环境调控能力低下，效果不好。国产温室结构性能差，老旧、劣质温室比重大，设施建造简陋，在冬季寒冷地区虽然多数设施有采暖设备，但大部分属于低能污染类型的。而使用烧煤或者能耗较高的电加热器，不仅造成环境污染，而且生产成本高，对于农作物的生产及鱼虾类、畜牧类养殖也是极为不利的。冬春季节低温、严寒且连续阴天无光照射，大棚内温度过低导致农作物被冻死或因湿度过大不能对蔬菜药物治疗等难题，也严重影响了现代农业的发展，建立新型节能高效的设施农业已非常迫切。

## 三、养殖业提质增效迫在眉睫

当前我国畜牧业面临的主要挑战是畜牧产品的升级和转型、降低养殖的成本技术、加强养殖对生态环境的保护以及动物疫病的防控。以养猪为例，我国的养猪技术一直处于比较初级的阶段，饲料、母猪和幼崽的保温设施等成本不断攀升，降低环境污染的压力也非常大。外来的疫病如禽流感、非洲猪瘟疫情对我国养殖业也造成了很大的威胁。

水产养殖业同样面临升级转型，渔业生产受资源与生态环境约束趋紧。优质、安全、健康、便利水产品供给相对短缺，产品结构需调整。水产养殖作为我国水产品供给的重要来源，养殖水域空间受挤压。高密度水产养殖容易造成水资源环境污染，生产成本不断上升，水产品竞争力下降，同时，受东南亚国家水产品同构竞争挤压，出口同质竞争形势严峻。以龙虾养殖为例，由于克氏原螯虾市场下滑、疾病严重、品种退化等原因导致小龙虾的养殖风险越来越大。近几年形成了养殖小龙虾近亲红螯螯虾的小热潮。但红螯螯虾对温度环境的要求大大增加了养殖成本，由于红螯螯虾是热带虾类，在我国大部分地区不能自然越冬，夏秋两季育出的幼苗当年不能养成商品，需进行越冬后第二年养殖，因此增加了越冬成本。第一年越冬只是为了保种，其生长潜能未能充分发挥。第二年养殖时达到或基本达到成熟，成熟后其能量多用于繁殖，生长缓慢，更造成了效益的下降，急需解决。

## 四、种子、种苗优质高产技术研究空间较大

种子与种苗是农业现代化建设的基础，种子与种苗技术创新将对现代农业生产产生巨大影响。当前，保障农产品生产质量安全和数量安全，是新形势、新背景下种子种苗产业发展面临的重大挑战之一。要保证农作物的高产、稳产，首先要保证基本农田面积；其次，要大力提升种子种苗质量，对种子种苗培育生产技术进行优化升级，在农业现代化建设技术的发展进程中，决不能忽视对种子、种苗品种的创新研究。目前关于种子种苗生长环境条件的高效精准控制、环境友好型高效营养液的配制和管理、抑制细菌滋生的无菌环境控制、新型高效种植槽和种植板研发等都是急需突破的技术瓶颈。

## 五、科技创新引领不足，农业经济效益不高

我国现代农业发展面临的问题，归根结底是农业科技创新不足造成的。以设施农业为例，当前我国设施园艺的基础应用研究仍很薄弱，特别是在设施专用品种选育、栽培技术和模式创新及成果转化等方面难以适应设施园艺快速发展的需要，在轻简化生产技术集成创新方面也存在短板，特别是环境优化控制、分子生物技术及物联网技术等与荷兰、日

本、美国等设施园艺发达国家的差距较大。而先进技术利用率不高，导致水、肥资源浪费大，比如我国无土栽培面积约 1 000 $hm^2$，只占设施栽培总面积的 0.1%，远低于发达国家 50%的水平，且无土栽培的高效营养液制备、自动控温、设施设备等均比较落后。

尽管我国农业科技进步贡献率逐年提高，但限于资源条件、技术装备、经营规模、市场营销及科技支撑等多方面不足的影响，农业经济效益远低于发达国家，农业生产甚至出现亏损的情况，经济效益低下已严重影响到农业经营主体特别是农户的积极性，迫切需要科技引领新一轮农业革命。

## 第三节　石墨烯在农业领域研发应用分析

### 一、石墨烯农业应用必要性分析

#### （一）石墨烯农业应用是现代农业发展的现实需要

现阶段，我国农业生产方式正在由粗放型向集约型转变，生产结构不断调整升级，生产水平不断提升，但仍存在技术水平较低，劳动生产率、农业生产效率以及资源利用率较低等问题，探索生产集约、产出高效、环境友好及产品安全的现代农业发展道路是解决这些问题的根本途径。

以设施农业为例，设施农业离不开外围覆盖材料。石墨烯在材料领域具有最轻的质量（比表面积 2 630 $m^2/g$）、最高的强度、最强的韧性，这些基本特性正是设施农业覆盖材料所需要的。“最轻的质量”可以最大幅度地降低设施骨架的负荷、提高设施的安全性、减少骨架材料的用量和建造成本；“最高的强度”和“最强的韧性”可以最大限度地延长覆盖材料使用年限、降低劳动力成本，最大限度地降低温室、养殖禽舍等建设和使用成本，提高设施农业效益。石墨烯材料“最好的透光性(97.7%)”，正是占设施农业主体的设施园艺所要求的基本性状。由于环境问题，空气中尘埃、PM 2.5 含量较高，雾霾常发，导致温室等设施的覆盖材料表面尘埃等较多，严重影响透光率，尤其是阳光板温室。阳光板在国外是一种非常优良的覆盖材料，但在我国由于环境问题，易染尘埃、且难以洗掉，使得设施内部的作物得不到应有的光照，难以正常生长，严重的甚至不得不改用为农贸市场或库房等，形成严重的浪费；玻璃覆盖材料易洗尘埃，但价格高昂，且比重大，使得骨架建造成本高，易碎增加了建造和使用的危险性，不易变形使得建造施工难度大；塑料薄膜相对便宜，但同样易染尘埃，洗脱困难，透光率降低较快，且易老化，使用寿命仅为 1～1.5 年，更换烦琐、成本高。

为了解决塑料覆盖材料的强度、透光性等，国内外科研工作者长期以来着力于研发新型塑料薄膜材料。20 世纪 80 年代，日本研制出一种 F - Clean 薄膜，可用 10 年左右，且不易染尘埃、透光率较高，但售价在 120 元/$m^2$，成本极高。如我国 450 万 $hm^2$ 温室、大棚，需要 653 万 $hm^2$（覆盖材料约为温室占地面积的 1.4 倍）的覆盖材料，按 50%计算，市场价值接近 4 万亿元。将极大地促进设施农业的健康持续发展。如果能研发出高强度、高透光性、高韧性的石墨烯薄膜（纳米碳薄膜）覆盖材料，成本控制在 80 元/$m^2$ 以内，则应用前景极其广阔。

### （二）石墨烯农业应用是引领农业科技革命的一大契机

我国是农业大国，从农业发展历史来看，生产技术进步的每次飞跃，都离不开科技创新。20 世纪 60 年代，通过育种、化肥、农药等技术创新成果的集成应用，引发了以生产矮秆作物品种为代表的绿色革命；80 年代以温室技术、地膜覆盖为标志的“白色革命”推动了集约高效农业快速发展；到 2000 年以遥感技术为标志的“信息革命”正在逐步改变农业生产模式。当前，农业增产增效和农民增收迫切需要颠覆性的科技创新实现农业新的突破。石墨烯电热膜在温室大棚、工厂化畜禽养殖、雏鸡孵化及特种水产反季节养殖方面，具有广阔的应用前景。石墨烯纳米材料对肥料、农药的增效，农业污染物的吸附和净化方面具有重要作用。随着石墨烯研发的不断深化，农业应用领域将更加广泛，有可能担当起新一轮农业科技革命的“主角”。

### （三）石墨烯农业应用是工业产业转型发展的急迫需求

我国石墨烯领域企业快速增多，2019 年达到 1 万多家，且集中分布在长江三角洲、珠江三角洲和环渤海地区。同时，石墨烯产业应用环节的竞争企业较多，竞争相对激烈。但由于石墨烯技术尚未成熟，产品多处于研发、试投产阶段，导致业内企业大多仍处于亏损状态，产能严重过剩。据估算，仅推广石墨烯设施种植、养殖精准控温产品这一项，可开发未来包括 9.5 亿 $m^2$ 的温室大棚、14.8 亿 $m^2$ 的猪牛羊舍、5.7 亿 $m^2$ 的家禽水产育苗场所，共计 30 亿 $m^2$ 的采暖市场，撬动千亿级石墨烯采暖市场，开拓石墨烯农业应用市场对于石墨烯工业产业发展也具有重要意义。

## 二、石墨烯农业应用限制因素分析

当前，我国石墨烯材料生产和研发技术尚需突破，还存在技术转化能力弱、工装控制精度低、质量性能波动大、生产成本比较高、标准化建设滞后及商业应用领域窄等问题。笔者通过调研发现，多数石墨烯企业不具备石墨烯原料生产能力，仅仅作为产业链条的一个环节，主要集中在地暖、发热衣物、电热毯、暖画、肩带、眼罩等产品，同质性严重。由于农业具有高度复杂性和不确定性，相较于家装、电暖、智能穿戴等行业，农产品的利润比较低，很多企业不敢用也不会用。

同时，对石墨烯在农业上的研发与应用研究还非常有限。只有少量探索性实验初步表明，石墨烯电热膜覆土后，远红外直接增温可显著促进幼苗发育，并增强光合作用，但对石墨烯膜与设施作物栽培技术兼容性还没有被充分关注。石墨烯膜的发热效率在不同基质中、以不同方式使用是否存在差异？石墨烯膜的导热效率和基质中温度的变化呈现什么规律，石墨烯膜的使用面积、覆土深度是否需要优化？这些重要参数还缺少翔实的数据支撑。上述研究的欠缺大大限制了石墨烯电热膜在温室大棚中的使用与推广。

对于石墨烯纳米材料来说，暴露于环境的风险也在持续增加，这些材料所带来的生物安全性和潜在环境生态问题也是不能忽视的。已有大量实验数据表明，石墨烯具有一定生物毒性效应，有必要更深层次从其纳米毒理机制和环境生物安全两方面着手研究。还有报道石墨烯材料会抑制农作物植物的生长，如Begum等发现石墨烯对农作物植物（甘蓝、番茄、红菠菜和莴苣）都表现出一定的生物毒性，主要表现为植物的生长抑制，细胞凋零和死亡，氧化损伤和组织细胞形态改变。陈凌云等建立了$^{13}C$骨架标记定量石墨烯的技术，并在生物分布数据指导下研究了石墨烯对小麦的生物效应，发现氧化石墨烯与根系直接接触抑制了小麦的根系发育，改变小麦根系的细胞结构和超微结构，导致小麦幼苗植株的生长受抑制，表现出毒性效应。目前，石墨烯在分子水平的毒性机制和生物效应调节机制的问题尚未得到解答，石墨烯的环境生态效应在更大的尺度范围研究尚未开展。例如，石墨烯的环境效应是否会在生物的代与代之间传递？石墨烯富集在食物链中的传递效率和环境效应如何？石墨烯的持续暴露对全球范围的生物多样性是否产生影响？上述更大范围的环境效应评价随着石墨烯的更大规模生产应用，亟需更加深入地开展。而石墨烯纳米材料在高效肥料、农药制备等大规模的研发应用也需持谨慎态度，要在充分科学试验论证的基础上展开。

此外，政府支持和宣传力度有待加强。纵观全球石墨烯产业发展历程，欧盟、美国、日本、韩国等发达国家和地区都是在政府的大力支持和巨额的资金投入下迅速发展起来的，我国虽然对石墨烯发展给予了高度的重视，但扶持政策和项目支持还没有涉及农业领域，大大减缓了石墨烯农业新科技产业化进程。笔者调研发现，大多数农业部门工作人员、农业科技人员、农业企业和农民对石墨烯缺乏基本的认知，甚至不知石墨烯为何物，更别提在农业上应用，因此加强宣传、营造石墨烯农业新科技研发与应用氛围非常必要。

## 三、石墨烯农业应用产业化前景分析

### （一）石墨烯电热膜农业应用产业前景

总的来说，传统的增温方式由于能耗高、安全性低、污染空气、安装复杂等问题，已不再适合农业高质量发展的需要。江苏省是长江三角洲地区设施农业最发达的省份，设施装备企业和温室大棚企业数量最多，不仅自身需求量大，而且对外服务方面也有大量的市场需求。石墨烯电热膜产品安装灵活，模块化，现场施工简单，可根据不同设施类型和作物栽培模式需求量身定制，石墨烯电热膜精准控温技术可实现设施农业种养特定生长阶段温度需求的精准自动控制，节省能耗30%～50%，极大减少人工，提升产量和品质，提早上市，可极大地促进设施农业健康发展。

### （二）石墨烯纳米材料农业应用产业前景

以设施农业为例，设施农业属于现代化高效产业，需要大量的肥料、农药和基质等农业生产资料。据中国农业科学院农业资源与农业区划研究所黄绍文研究员提供数据，2015—2016年我国设施蔬菜化肥用量（$N+P_2O_5+K_2O$）（实物量）180 kg/(亩·年)，为大田作物的4.1倍，化肥成本2 000元/(亩·年)，设施蔬菜肥料用量大、投入成本高，但肥料利用率较低，在45%左右，有一半以上的肥料进入土壤和水体，形成极大的浪费和环境污染，肥料引起的农业面源污染非常严重，已引起各方广泛关注，如何提高化肥利用率和有效性、减少化肥施用量已成为关注的焦点。据资料显示，纳米碳添加在肥料中制成纳米碳增效肥（纳米碳占肥料总量的0.3%），可提高氮肥利用率44%，提高产量20%～40%，效果非常理想。按纳米碳增效肥提高肥料利用率30%计算，仅约5 000万亩设施蔬菜，每年可减施化肥270万t，节约化肥投入约300亿元，增产0.78亿t，增效2 340亿元，总增产值2 640亿元，并且可显著降低设施蔬菜面源污染，经济、生态效益显著，可极大地促进设施农业健康持续发展。

我国蔬菜、花卉无土栽培、园艺作物工厂化育苗、水稻集约化育秧等设施农业以及大规模的园林、立体绿化等均需要大量优质的固体基质产品作为支撑，固体基质已成为重要的农业和园林生产资料。目前，基质的年使用量约在5 000万$m^3$，供不应求。近年来，草炭、椰糠等基质进口量大量增加。基质的育苗和栽培效果与基质的保肥性、保水性、透气性、可溶性盐浓度（EC值）及pH等理化性状密切相关，如果将石墨烯材料添加在基质中，可改善基质的保水和保肥性等性能、减少基质的施用量、降低生产成本；石墨烯材料的使用还可以提高作物的抗盐、抗低温、抗高温等抗逆能力，对设施栽培作物极其重要，可提高设施栽培作物对设施亚适宜环境的适应性，提高设施栽培作物产量和产值，促进设施农业健康持续发展。

在农产品加工保鲜中，石墨烯可降解保鲜膜也是研发方向之一。农产品在包装保鲜过程中，首先对内包物进行全面等离子体处理，达到全面非热灭菌、收缩毛孔减少蒸腾、去除乙烯等有害气体的目的；其次立即实施石墨烯保鲜膜包装，继续利用设备内的等离子体处理保鲜膜上的石墨烯，赋予其高效灭菌和抗菌性能，使包装后的农产品具备持久抗菌功能，达到纯物理复合保鲜的效果，大大提高包装后农产品的保鲜时限。在农产品保鲜过程中，采用先包装后灭菌处理的方法，激发包装内的气体介质产生等离子体，进行灭菌处理，克服二次污染，提高灭菌效果，同时等离子体能有效还原石墨烯并减小其尺寸，使之实现“纳米刀”效应，有效提高包装材料的抗菌性能。较国内同类产品，保鲜处理后，失重率降低30%、保鲜时间延长50%、包装膜实现可降解处理，产品可广泛用于农产品初加工、贮运及零售等领域，对提高我国农产品保鲜领域的先进装备与材料具有现实意义。

智慧农业是现代农业与信息科学相结合的产物，是农业发展的高级阶段，包括物联网、农业信息服务、遥感技术、电子技术及农业休闲旅游等现代科技和多种元素的融合，以互联网、云计算为载体，实现精准、智能化决策和远程控制。在温室大棚中布置传感器，可以采集空气温湿度、土壤温湿度等周边环境参数，一旦植物缺水，系统会自动预警，管理者通过手机一键浇水，达到智能化管理。石墨烯传感器能将环境参数转化为计算机处理和测量的电信号，这一特性满足智慧农业的管理需求。

石墨烯在制备微型传感器方面前景广阔，美国爱荷华州立大学研究人员研发了一种在聚合物块表面形成复杂的石墨烯图案工艺，将石墨烯溶液涂在聚合物块上以填充缩进图案，在胶带上形成传感器。这种传感器的宽度不到0.2 μm，当它与水接触时，材料的性质会随着导电性的变化而改变，使得传感器对水分高度敏感。这种微型传感器可精确测量植物的蒸腾速率，密切监测植物根部水的存在量，同时检查水分是如何从根部输送到较低的梯级叶片，一直到植物的顶层叶片，这是第一个“可穿戴”设备监测生长情况的实际例子。

总体来看，我国石墨烯农业新科技研发面临重大机遇，今后一段时期是我国抢占全球石墨烯农业研发制高点的重要时期。未来需要深入研究石墨烯发热膜与温室大棚嵌合结构以及作物栽培技术耦合研究，取得一系列翔实可靠的试验数据，制定相应的石墨烯发热膜农业技术标准，加强石墨烯纳米材料对作物生长的影响及其作用机理研究，评估石墨烯应用到农业上可能带来的环境和生态风险，具体包括：石墨烯材料对作物生长产生有利或有害影响的规律和具体作用机理还不清楚，需要深入研究。例如，作物对石墨烯材料的具体耐受剂量；石墨烯材料的粒径、形貌、表面理化性质等对作物影响的规律和机制；石墨烯材料的作用方式（培养液用于种子萌发，作为肥料添加剂等）对作物影响的规律和机制；探究石墨烯材料对某些作物品质改善机理等；研究石墨烯材料在作物体内的迁移和转化，弄清纳米碳材料在作物体内的“归趋”和“汇集”；充分研究和评估石墨烯材料在作物体内的累积效应和代际迁移风险，甚至可能随食物链、食物网传递在动物体内富集、放大等生态风险；不利环境条件下石墨烯材料与作物相互作用的影响如何，有待深入研究。例如，在不利自然环境下，石墨烯材料对作物抗逆性影响规律和机理；石墨烯材料与其他污染物（如重金属、有机类农药等）共存时对作物的复合影响及机制；因而需要充分考虑环境介质，尤其是根际特殊环境下的石墨烯材料对植物的作用效果，为石墨烯材料应用于农业生产提供重要且可靠的依据。

# 第六章

# 我国石墨烯农业科技产业发展对策

## 第一节　发展思路与目标

### 一、发展思路

聚焦我国现代农业发展痛点，着眼于解决石墨烯农业应用的短板和瓶颈问题，组织实施石墨烯农业科研技术攻关，注重试验示范与生产实际相结合，变“由研到产”为“产研互动”，定制生产适用于我国设施蔬果、畜牧、水产等为主导特色产业的石墨烯产品及标准，建设石墨烯农业应用示范窗口；加强石墨烯农业高新科技宣传交流，通过技术培训、学术论坛等方式发挥辐射带动作用，建成石墨烯农业科研成果的推广中心；以企业为主体，发挥市场在资源配置中的决定性作用，激发市场主体活力，提升要素配置效率，发挥国家有关专项及产业政策的引导作用，营造良好发展环境，加快石墨烯农业新科技研究成果产业化进程；成立石墨烯农业产业科技联盟，打造石墨烯农业产业发展利益共同体，以实现产业化应用为龙头，突破制约产业化应用的技术、业态和商业模式上的障碍，加快推进石墨烯农业新科技、新成果示范应用；鼓励企业与高校、科研院所、知识产权机构等深度合作，引导骨干企业携手有关高校、科研院所，协同开发石墨烯农业新技术，促进关键工艺及核心装备同步发展，提升石墨烯农业新科技产业化水平。

### 二、发展目标

全面贯彻党的十九大精神，坚持创新驱动和融合发展，以问题为导向，以农业需求为牵引，以创新为动力，着力石墨烯农业新科技、新产品研发和生产，着力石墨烯农业新产品的标准化、系列化和低成本化，着力构建石墨烯农业新科技示范应用产业链，着力引导提高石墨烯农业新科技研发、生产集中度，加快规模化应用进程，推动石墨烯农业产业做大做强。

到2025年，石墨烯农业新产品的材料制备、应用开发、终端应用等关键环节良性互动的产业体系基本建立，产品标准和技术规范基本完善，开发出百余项实用技术，推动一批石墨烯农业产业示范项目，实现一批石墨烯农业新产品稳定生产。

到2030年，形成完善的石墨烯农业新科技产业体系，实现石墨烯科技农业产品的标准化、规模化、系列化和低成本化，建立若干具有石墨烯科技农业特色的创新平台，掌握一批核心应用技术，形成一批具有核心竞争力的石墨烯农业科技新型企业，建成一批以石墨烯科技应用为特色的新型农业产业示范基地。

## 三、重点方向

未来石墨烯农业应用集中九大方向，以龙头企业为引领，联合石墨烯材料研发制造企业、农业科研院校、设施装备企业、农业企业共同研发，力促石墨烯最新研究成果在农业领域落地生根、开花结果，为全国现代农业发展、农民增收致富作出贡献。

**1. 石墨烯电热膜设施种植智能控温系统研发**

以温室大棚石墨烯电热膜智能控温系统为研发目标，运用太阳能、风能等新能源，开发出制热快、能耗低、成本低、效益高的智能控温石墨烯电热膜、电热板、电热槽，集成设施蔬菜、果树、花卉等园艺作物精准栽培技术、石墨烯电热膜利用技术、设施环境调控技术等关键技术，开展中试试验、示范应用，破解温室大棚传统加温方式高能耗、高成本、高污染困局。

**2. 石墨烯电热膜设施养殖智能控温系统研发**

以雏禽圈舍、设施水产养殖石墨烯智能控温系统为研发目标，研究石墨烯自限温膜在育雏（苗）、保温等多种环境下的温控要求，开发出节能、防水、防腐蚀、安全高效的石墨烯电热膜智能控温养殖设施，集成设施雏鸡、生猪、水产健康养殖技术，石墨烯电热膜利用技术，环境调控技术等关键技术，降低设施养殖加温成本和减少疫病发生，提升品质和效益。

**3. 石墨烯低温远红外粮食干燥技术与装备研发**

以石墨烯低温远红外粮食干燥装备为研发目标，研究基于石墨烯远红外辐照功率调节的粮食温度精准控制技术，集成石墨烯远红外加热、通风排湿、排粮、进粮、监控等多模块技术，开发基于最优干燥工艺、粮情监测、故障诊断的石墨烯远红外干燥过程智能化监控系统，创制石墨烯低温远红外粮食干燥机，实现新鲜粮食的优质、高效、绿色、低耗干燥。

**4. 石墨烯高效纳米肥料产品研发**

以提高肥料利用率为研发目标，将石墨烯纳米材料作为添加剂用于基质和土壤栽培，研究其在促进种子萌发及幼苗生长、改善基质保水保肥能力、增加土壤的黏粒含量、提高土壤对养分元素的吸持力、促进作物根系对土壤养分的吸收等方面的作用效果，集成石墨烯纳米肥料制备技术、作物高产栽培技术等关键技术，创制高效石墨烯纳米缓释肥、复合肥、基质等新产品，实现肥料高效减量利用。

**5. 石墨烯高效纳米农药产品研发**

以提升农药利用率和安全性为研发目标，研发石墨烯及其衍生物与杀菌剂（杀虫剂）混合制备工艺，集成石墨烯液相分散技术、农药制备与施用技术等关键技术，制备高效石墨烯纳米农药，包括分散剂、润湿剂、黏结剂、消泡剂和乳化剂等新型农药，提高杀菌、杀虫性能，实现农药减量使用。

**6. 石墨烯功能性土壤改良剂研发**

以改善土壤理化性质为研发目标，研发石墨烯盐碱地改良剂、酸碱度调节剂、保水保肥剂等系列产品，集成石墨烯土壤改良剂制备技术、土壤修复技术、农业生态工程技术等关键技术，改良土壤结构，抑制土壤次生盐渍化，提高土壤肥力和抗水蚀能力，提高土地利用率和产出效益。

**7. 石墨烯农业水体净化剂研发**

以水体中农药污染及有害物质的去除为研发目标，研究石墨烯超大的比表面积及其优良吸附性能在农业水体净化中的作用效果，开发石墨烯水体净化剂替代传统的吸附剂，用于养殖废水中COD、铵氮、总氮、总磷、有机污染物、重金属等污染物吸附，防治农业面源污染。

**8. 石墨烯功能性农用薄膜研发**

以高强度、高透光性、高韧性的石墨烯农用薄膜为研发目标，研究石墨烯“纳米刀”作用机理及其机械性能对农用地膜增温保墒效果和农产品可降解保鲜膜保鲜效果的影响，集成农用薄膜石墨烯量子点光谱转换技术、增温保墒技术、抗菌抑菌抑尘技术等关键技术，开发石墨烯地膜和可降解保鲜膜，提高传统地膜的机械性能、透光率和保温保墒能力，提高可降解保鲜膜的抗菌性能和机械强度，提升生产效率和经济效益。

**9. 石墨烯农业传感器研发**

以农业环境及作物生理状态精准监测为研发目标，研发石墨烯环境监测传感器、可穿戴式植物传感器，将环境参数转化为计算机处理和测量的电信号，实现空气温湿度、土壤温湿度、植物生长状态等参数的自动采集、自动预警、自动控制，实现农业智能化管理。

## 第二节 对策措施和政策建议

### 一、加强顶层设计，统筹区域发展

建议从国家层面统筹规划，聚焦温室采暖、纳米肥料农药研发应用等重点领域，将石墨烯农业科技产业发展纳入政府工作计划，明确我国石墨烯农业科技产业发展目标、技术路线和重点任务，拟定石墨烯农业科技产业发展规划政策，研究制定石墨烯农业科技行动专项计划，尽快制定出台专门针对石墨烯农业新科技产业的具体技术路线和产业化路线，尤其应制定石墨烯农业科技产业发展实施细则，落实具体负责部门，明确产业发展的阶段目标、资金来源等，组织开展石墨烯农业应用高新技术研究、相关标准制定、科技成果转化和技术推广，抢占全球石墨烯农业科技产业制高点。

充分发挥地方优势，根据产业发展实际和发展优势，合理规划产能，推进石墨烯农业新科技研发的差异化、特色化、集群化发展。抢抓东部沿海优势，将江苏省打造为全国乃至全球领先的石墨烯农业科技研发应用排头兵。首先，江苏是农业大省、科教资源大省，科研院所实力雄厚，农技推广体系健全，农业科技进步贡献率领先全国，为石墨烯产品在农业农村领域试验研究、示范集成提供有利条件，为石墨烯农用产品的推广应用提供广阔的空间，在江苏开展石墨烯农业科技创新，政策环境好，支持力度大。其次，首个国家级石墨烯高新技术产业化基地落户江苏常州，全国第一家石墨烯研发机构——江南石墨烯研究院也在江苏常州成立，人才、资金、技术优势明显。同时，江苏优秀石墨烯研发企业不断涌现，研发与产业化进程保持全国领先。

## 二、培育龙头企业，引领市场开发

借鉴国外石墨烯产业发展先进经验，培育石墨烯农业应用研发领域排头兵企业。以新型研发机构为载体，着力提升石墨烯农业新科技供给能力。建议成立一个专门从事石墨烯农业应用的新型研发机构，开展石墨烯农业科技基础性、前沿性问题研究，强化技术集成配套。跟踪研究国际最前沿技术，集成国内外石墨烯农业研究成果，加快石墨烯农业技术引进消化吸收再创新步伐，并进行产业化开发应用，使石墨烯最新研究成果尽快在农业领域落地生根。新型研发机构应围绕石墨烯农业科技关键、共性技术开展联合攻关，强化石墨烯农业应用基础研究，实现前瞻性基础研究和原创性重大成果突破，突破石墨烯农业应用技术壁垒。

以新型研发机构为引领，联合科研院所、协会、学会、行业联盟、优势企业、检测机构，形成研发合力，选择一批产业化前景较好、技术较为成熟、量大面广的石墨烯农业产品开展试点示范，支持生产企业与应用企业联合做好产品、技术和设备的标准化工作，尽快形成石墨烯农业科技新产品、新技术、新标准。建立石墨烯农业新产品首批次应用保险补偿机制，降低应用企业、合作社和农户的风险，激发下游应用市场动力。

## 三、成立产业联盟，促进产研融合

产业是乡村振兴的经济基石。实现农业农村现代化，关键是以农业科技创新促进农业发展方式转变，引导农业向绿色、优质、特色和品牌化发展，形成优质高效、充满活力的现代农业产业体系，促进科技与产业深度融合。要建立产学研融合的石墨烯农业农村科技推广联盟，加大农业科技投入，组织石墨烯农业科研攻关，推进科技资源合理配置，加强创新平台建设。

建议组建一个国家级石墨烯农业科技推广联盟，把从事石墨烯研发的科研院校、制造企业、推广部门以及相关农业经营主体联合起来，形成石墨烯农业科技研发、生产、推广、应用各方合力推进的工作机制。

## 四、培育新型主体，加速成果转化

农业科技进步成效如何，关键在于成果转化和推广环节。科技创新成果转化率也是衡量农业科技创新成果的关键性指标。促进农业科技创新成果真正转化为农业生产力，既需要公共服务平台，也需要专业化机构。

一要培育能够长期在农村基层落地的石墨烯新型农业经营和服务主

体，开展石墨烯农业科技社会化服务试点工作，完善农业农村领域技术转移机构服务功能。

二要集成应用农业大数据分析等先进技术，打造“互联网+石墨烯农业科技”的综合信息服务平台，依托互联网推动石墨烯农业科技成果转化与推广。

三要加快推进校地合作示范基地建设，强化政产学研用协同创新成果转化机制，在农业大学、农业职业院校及有条件的企业进行石墨烯农用产品的中试工作。

四要引导社会科技力量大力参与石墨烯农业技术咨询、技术中介和技术服务，通过技术咨询服务引导石墨烯农业技术成果的转化应用。要健全省、市、县三级石墨烯农业科技成果转化工作网络，支持地方大力发展石墨烯农业技术交易市场，加大技术供给，加强石墨烯农业新科技集成应用和示范推广。健全基层石墨烯农业技术推广体系，创新石墨烯农技推广服务方式，支持各类社会力量参与石墨烯农技推广，实施石墨烯农技推广服务特聘计划，加强重大技术协同推广。

## 五、强化人才队伍，培育创新团队

充分利用“万人计划”“千人计划”“院士工作站”等人才引进计划，加强石墨烯高端人才和农业高端人才的引进、联合、结盟，形成紧密合作共同体，强化石墨烯农业产业链上下游关联衔接，引导石墨烯农业产业科学、健康发展。将石墨烯农业产业高端人才的引进列入地方人才引进工作重点，加大对高端人才的引进力度。依托地方高等院校力量，加大对石墨烯农业产业科技创新人才、工程化开发人才的培养力度，满足石墨烯农业产业发展的人才需求。

加快培育创新人才团队，提升石墨烯农业科技创新能力。创新人才团队的建设可以形成设备和人才资源的有效凝聚，共同完成重大项目的科技攻关，产生具有显示度、前瞻性的自主创新研究成果，从而提升农业科研单位科技创新实力。加强对石墨烯农业科研的支持力度，国家应当制定政策，扶持创新团队建设，例如：设立团队教育培训基金、团队骨干培养基金、团队发展基金等，支持团队带头人的培养，团队骨干素质的提升，为团队科研创新能力发展提供持续的科研资金支持。强力发挥团队带头人的作用，引进石墨烯领域和农业领域的院士、专家、学者，把握创新团队的发展方向，充分发挥组织协调能力，形成创新合力，促进科研创新任务和目标的实现。

## 六、加强政策扶持，推进研发与应用进程

给予项目扶持。把石墨烯的农业研发应用列入国家自然科学基金、省级自然基金、重大农业科技专项等重点项目予以支持，并组织联合攻关，重点围绕 4 个方面：一是种植业温室大棚，二是设施畜牧业，三是水产养殖（包括特种水产养殖、恒温养殖、反季节养殖），四是石墨烯纳米材料在肥料、农药等农业环保上的应用。对新研发的应用成果，建立一批试验、示范基地，同时加大培训宣传推广力度。

给予项目补贴。对已经成熟的技术，如石墨烯电热膜用于温室大棚、畜禽水产工厂化养殖等项目列入农业补贴项目，予以加快推广。对应用石墨烯农业新产品的农户、家庭农场、农业企业等主体给予财政补贴。构建完善的石墨烯农业产品购买补贴服务保障体系，指导相关工作人员通过多项技术开展补贴申请工作。对各个地区补贴申请、受理管理、资格审核、产品检验等服务进行全面优化，完善补贴项目资金兑换等各项程序，管理部门要采取规范化管理措施，突出石墨烯农业产品补贴的导向性作用，不仅要保障广大农民获取较大发展实惠，还能使农业产业发展更趋于合理。

## 七、加强宣传培训，营造石墨烯农业新科技氛围

通过多渠道全面扩大石墨烯农业科技宣传力度，通过应用现代化网

络技术、电视媒体、报纸等方式进行宣传；组织更多专业技术人员对基层农户生产活动进行指导，使得广大农民能掌握石墨烯农业产品的基本应用方法以及应用规范，全面提升石墨烯农业产品应用的实效性，扩大基层农户对石墨烯产品应用接受程度。

制作宣传资料，收集目前石墨烯产品研发应用成果及石墨烯在农业方面的试验资料，制成石墨烯农业科技研发及应用的宣传册、宣传片、光盘等，并建立联盟微信公众号、网站等进行多渠道、多方式宣传。

组织培训推广。在全国范围内开展石墨烯农业应用高新技术培训，依托农业农村部及各省农业农村厅的相关会议及技术培训会，进行石墨烯农业科技宣传推广。同时，联合蔬菜、畜牧、水产、花卉等各领域行业协会，共同举办培训活动，扩大石墨烯农业科技成果的推广范围。

举办全国农业系统石墨烯农业应用学术论坛和研讨会。邀请知名农业、石墨烯行业专家学者和政府部门、石墨烯企业负责人，围绕石墨烯农用产品的基础研究、理论创新和产业应用等专题广泛开展学术交流，共同探索石墨烯农业科技产业研究的新思路、新方法、新模式。

# 参考文献


贲宗友，孙艳辉，史德才，等，2018. 粮食远红外辐射干燥研究进展 [J]. 农产品加工 (10)：50-53.

蔡凌月，2016. 基于纳米粒子添食育蚕法改性家蚕茧丝 [D]. 上海：东华大学.

车子璠，张 辰，安琴友，等，2020. 我国石墨烯发展现状及展望 [J]. 中国基础科学 (4)：56-57.

陈凌云，2018. 石墨烯纳米材料在植物体内的分布、毒性及其环境生态效应研究 [D]. 成都：西南民族大学.

陈名锋，2019. 推动畜牧业高质量发展思路探究 [J]. 畜禽业，30 (6)：55-56.

崔勇，2007. 谷物干燥机械化技术发展浅析 [J]. 农业考古 (6)：318-320.

邓洪峰，2012. 现代农业的类型及主要特征 [J]. 养殖技术 (3)：276.

邓秀新，项朝阳，李崇光，2016. 我国园艺产业可持续发展战略研究 [J]. 中国工程科学，18 (1)：34-41.

何艺佳，2019. 氧化石墨烯对植物生长的影响研究 [D]. 北京：清华大学.

胡晓飞，赵建国，高利岩，等，2019. 石墨烯对树莓组培苗生长发育的影响 [J]. 新型碳材料，34 (5)：447-454.

黄绍文，唐继伟，李春花，等，2017. 我国蔬菜化肥减施潜力与科学施用对策 [J]. 植物营养与肥料学报，23 (6)：1480-1493.

黄铁平，1986. 论农业现代化的新概念 [J]. 福建师范大学学报 (4)：1-7.

匡鹏，2016. 联合收割机中排气余热联合远红外稻谷干燥装置的研发 [D]. 南昌：江西农业大学.

李军富，2006. 我国谷物干燥机械的发展现状及对策 [J]. 农机化研究 (9)：44-46.

李海涛，沈健民，陈骏，2020. 石墨烯在农业中应用前景浅析 [J]. 江苏农机化 (5)：20-23.

李荣喜，2002. 农业现代化评价 [D]. 成都：西南交通大学.

李尧，2019. 石墨烯浓度对藜麦幼苗根系生长的影响研究［J］. 云南化工，46（12）：135－139.

刘春山，2014. 远红外对流组合谷物干燥机理与试验研究［D］. 长春：吉林大学.

刘键，张阳德，张志明，2008. 纳米生物技术在水稻、玉米、大豆增产效益上的应用研究［J］. 安徽农业科学（36）：15814－15816.

刘键，张阳德，张志明，2009. 纳米生物技术促进蔬菜作物增产应用研究［J］. 湖北农业科学，48（1）：123－127.

刘文科，杨其长，2010. 设施无土栽培营养液中植物毒性物质的去除方法［J］. 北方园艺（16）：69－70.

刘兴国，2014. 新型水处理技术在水产养殖中的应用［J］. 科学养鱼（2）：15－18.

刘云，王小黎，闫哲，2019. 专利质量测度及区域比较研究——以我国石墨烯产业为例［J］. 科学学与科学技术管理，40（09）：18－34.

刘泽慧，陈志文，赵建国，等，2020. 石墨烯对蚕豆生长发育的效应研究［J］. 首都师范大学学报（自然科学版），41（5）：33－39.

刘子飞，2019. 渔业经济政策分析及展望［J］. 未来与展望，43（12）：21－29.

刘祖同，罗信昌，2002. 食用蕈菌生物技术及应用［M］. 北京：清华大学出版社.

刘西莉，2018. 中国植物病害化学防治研究（第十一卷）［M］. 北京：中国农业科学技术出版社.

潘忠礼，Atungulu G. G.，马海乐，2013. 食品和农产品干燥的一种有效方法——红外加热法［J］. 干燥技术与设备，11（1）：61－66.

沈贺，张立明，张智军，2011. 石墨烯在生物医学领域的应用［J］. 东南大学学报（医学版），30（1）：218－223.

隋祺祺，焦晨旭，乔俊，等，2019. 石墨烯溶胶配施化肥对土壤中养分流失的影响［J］. 水土保持学报，33（1）：39－44.

孙传祝，王相友，2014. 红外玉米穗干燥机设计［J］. 农机化研究（3）：137－140.

孙锦，高洪波，田婧，等，2019. 我国设施园艺发展现状与趋势［J］. 南京农业大学学报，42（4）：594－604.

孙绍仁，刘清河，里佐威，等，1998. 红外线辐射提高商品鸡生产性能试验［J］. 吉林农业大学学报，20（3）：78－81.

田甜，吕敏，田旸，等，2014. 石墨烯的生物安全性研究进展［J］. 科学通报，59

(20)：1927－1936.

王建军，代晋，沈维元，等，2019. 石墨烯远红外电暖在蔬菜集约化育苗中的应用初探与前景分析 [J]. 中国蔬菜 (1)：13－15.

王润发，2016. 粮食红外线辅助热风干燥工艺系统设计 [D]. 广州：华南农业大学.

王小燕，王燚，田小海，等，2011. 纳米碳增效尿素对水稻田面水氮素流失及氮肥利用率的影响 [J]. 农业工程学报，27 (1)：106－111.

王永娟，龙雨，郑怀礼，等，2021. 磁性石墨烯基纳米材料吸附水中污染物的研究进展 [J]. 水处理技术，47 (5)：11－17.

王忠强，萧小月，2017. 中外石墨烯产业化发展管窥 [J]. 电子元件与材料，36 (9)：94－97.

魏忠彩，孙传祝，苏国粱，等，2016. 红外玉米穗干燥试验研究 [J]. 农机化研究 (1)：247－250，256.

魏忠彩，孙传祝，王健羽，等，2015. 红外玉米穗干燥试验台设计 [J]. 湖北农业科学，54 (22)：5740－5742，5747.

翁拓，吴家正，范立，等，2014. 粮食干燥技术的能耗浅析 [J]. 节能技术，32 (3)：210－213，218.

吴沛良，2020. 以石墨烯为新能源推动“温室大棚革命” [J]. 江苏农村经济 (6)：6－7.

吴云桂，2019. 浅析石墨烯的制备及产业的应用前景 [J]. 中国新技术新产品 (3)：16.

武华文，2020. 哈密瓜片远红外干燥特性及品质工艺试验研究 [D]. 阿拉尔：塔里木大学.

谢敏，胡伟，2001. 我国粮食烘干设备现状及发展建议 [J]. 农机市场 (12)：13－15.

辛翔飞，王济民，2020. 乡村振兴下农业振兴的机遇、挑战与对策 [J]. 宏观经济管理，28 (1)：28－35.

薛斌龙，胡晓飞，姚建忠，等，2019. 氧化石墨烯对盐胁迫下树莓组培苗生长及生理特征的影响 [J]. 山东林业科技，49 (4)：23－27.

薛斌龙，王海雁，赵建国，等，2020. 石墨烯溶胶对逆境下欧洲山杨组培苗生长的影响 [J]. 陕西林业科技，48 (1)：1－9.

阎若思，吴蕾，于波，等，2016. 浅析我国石墨烯产业发展现状及创新趋势 [J]. 河北企业（12）：123-125.

杨晓蓓，张国梁，2012. 谷物干燥机械化发展思考 [J]. 农机市场（2）：26-28.

姚建忠，张占才，薛斌龙，等，2018. 石墨烯对欧洲山杨组培苗不定根表观形态影响作用的研究 [J]. 山西大同大学学报（自然科学版），34（5）：6-9.

于锦，徐燕，2017. 石墨烯/聚合物功能化复合材料的研究进展 [J]. 电子元件与材料，30（9）：64-70.

詹琦，蔡凌月，范苏娜，等，2020. 纳米氧化石墨烯添食育蚕制备高强度蚕丝 [J]. 合成技术及应用，35（1）：37-40.

张静，李占勇，董鹏飞，等，2012. 玉米红外低温真空干燥试验 [J]. 食品与机械，28（2）：187-189.

张秦权，文怀兴，袁越锦，2013. 远红外联合低温真空干燥设备研究与设计 [J]. 食品与机械，29（1）：157-160.

张应玲，马朋，易俊杰，等，2020. 远红外联合干燥技术在果蔬加工中的应用 [J]. 农产品加工（9）：84-87.

张耘祎，陈雷，2017. 谷物烘干机械与技术应用浅析 [J]. 江苏农机化（5）：45-47.

张仲欣，朱文学，张玉先，2007. 竖箱式远红外谷物烘干机的研究 [J]. 农机化研究（3）：87-94.

赵兵，祁宁，徐长安，等，2018. 石墨烯/蚕丝复合材料研究进展 [J]. 纺织学报，39（10）：168-174.

朱晓明，周昕，徐杏，等，2020. 石墨烯加热板/膜作为仔猪保温供热体的节能特性研究 [J]. 安徽农业科学，48（24）：216-217，224.

Adisa I O，Pullagurala V L R，Peralta-Videa J R，et al.，2019. Recent advances in nano-enabled fertilizers and pesticides：A critical review of mechanisms of action [J]. Environmental Science：Nano，6（7）：2002-2030.

Ambrosi A，Chua C K，Bonanni A，et al.，2014. Electrochemistry of Graphene and Related Materials [J]. Chemical Reviews，114（4）：7150-7188.

Anjum N A，Singh N，Singh M K，et al.，2014. Single-bilayer graphene oxide sheet impacts and underlying potential mechanism assessment in germinating faba bean（Viciafaba L.）[J]. Science of the Total Environment，472（4）：834-841.

Chakravarty D，Erande M B，Late D，2015. Graphene quantum dots as enhanced plant growth regulators: Effects on coriander and garlic plants [J]. Journal of the Science of Food and Agriculture, 95 (13): 2772 - 2778.

Gao Z L, Zhang Y, Fu Y F, et al., 2013. Thermal chemical vapor deposition grown graphere heat spreader for thermal management of hot spots [J]. Carbon, 61 (9): 342 - 348.

Geim A K, Novoselov K S, 2007. The Rise of Graphene [J]. Nature Materials, 6 (3): 183 - 191.

Guo N, Hu W, Jiang T, et al., 2016. High - quality infrared imaging with graphene photo detectors at room temperature [J]. Nanoscale, 8 (35): 16065 - 16072.

He Y, Hu R, Zhong Y, et al., 2018. Graphene oxide as a water transporter promoting germination of plants in soil [J]. Nano Research, 11 (4): 1928 - 1937.

Hidaka Y, Kubota K, Ichikawa T, et al., 2013. Development of commercial type of far - infrared grain dryer and its performance on farms [J]. Journal of Jsam (1): 316 - 325.

Janas D, Koziol KK, 2014. A Review of Production Methods of Carbon Nanotube and Graphene Thin Films for Electrothermal Applications [J]. Nanoscale, 6 (6): 3037 - 3045.

Jiao J, Yuan C, Wang J, et al., 2016. The role of graphene oxide on tobacco root growth and its preliminary mechanism [J]. Journal of Nanoscience and Nanotechnology, 16 (12): 12449 - 12454.

Kabiri S, Degryse F, Tran D N H, et al., 2017. Graphene oxide: A new carrier for slow release of plant micronutrients [J]. ACS applied materials & interfaces, 9 (49): 43325 - 43335.

Khodakovskaya M, Dervishi E, Mahmood M, et al., 2009. Carbon nanotubes are able to penetrate plant seed coat and dramatically affect seed germination and plant growth [J]. ACS Nano, 3 (10): 3221 - 3227.

Khodakovskaya M V, Silva K D, Bids A S, et al., 2012. Carbon nanotubes induce growth enhancement of tobacco cells [J]. ACS Nano, 6 (3): 2128 - 2135.

Kole C, Kole P, Randunu K M, et al., 2013. Nanobiotechnology can boost crop production and quality: First evidence from increased plant biomass, fruit yield and phytomedicine content in bitter melon (*Momordi cacharantia*) [J]. BMC Biotechnology, 13 (1): 37 - 47.

Lahiani M H, Chen J, Irin F, et al., 2015. Interaction of carbon nanohorns with plants: Uptake and biological effects [J]. Carbon, 81 (1): 607 - 619.

Lin D, Xing BS, 2007. Phytotoxicity of nanoparticles, Inhibition of seed germination and root growth [J]. Environmental Pollution, 150 (2): 243 - 250.

Liu Q, Shi J, Sun J, et al., 2011. Graphene - assisted matrix solid - phase dispersion for extraction of polybrominated diphenyl ethers and their methoxylated and hydroxylated analogs from environmental samples [J]. Analytica Chimica Acta, 708 (1): 61 - 68.

Liu S, Wei H, Li Z, et al., 2015. Effects of graphene on germination and seedling morphology in rice [J]. Journal of nanoscience and nanotechnology, 15 (4): 2695 - 2701.

Liu Jian, Zhang Yangde, Zhang Zhiming, 2009. The application research of nano - biotechnology to promote increasing of vegetable production [J]. Hubei Agricultural Sciences, 48 (1): 123 - 127.

Malekpour H, Chang KH, Chen JC, et al., 2014. Thermal Conductivity of Graphene Laminate. Nano Letters, 14 (9): 5155 - 5161.

Morales - Torres S, Pastrana - Martínez LM, Figueiredo JL, et al., 2012. Design of Graphene - Based $TiO_2$ Photocatalysts—a Review [J]. Environmental Science and Pollution Research, 19 (9): 3676 - 3687.

Nair R, Mohamed MS, Gao W, et al., 2012. Effect of carbon nanomaterials on the germination and growth of rice plants [J]. Journal of nanoscience and nanotechnology, 12 (3): 2212 - 2220.

Ni Z, Ma L, Du S, et al., 2017. Plasmonic Silicon Quantum Dots Enabled High - Sensitivity Ultrabroadband Photodetection of Graphene - Based Hybrid Phototransistors [J]. ACS Nano, 11 (10): 9854 - 9862.

Nirmalraj P, LutzT, KumarS, et al., 2011. Nanoscale Mapping of Electrical Resistivity and Connectivity in Graphene Strips and Networks [J]. Nano Lett, 11 (1): 16 - 22.

Novoselov K S, Geim A K, Morozov S V, et al., 2000. lectric Field Effect in Atomically Thin Carbon Films [J]. Science, 306: 666 - 669.

Pan Zhong - li, Ragab Khir, Larry DUodlrey, et al., 2008. Feasibility of simultaneous rough rice drying and disinfestations by infrared radiation heating and rice milling quality [J]. Journal of Food Engineering, 84 (3): 469 - 479.

Ragab Khir, Pan Zhong－li, Adel Salim, et al., 2011. Moisture diffusivity of rough rice under infrared radiation drying [J]. LWT Food Science and Technology, 44 (4): 1126－1132.

Rai P K, Kumar V, Lee S S, et al., 2018. Nanoparticle－Plant Interaction: Implications in Energy, Environment, and Agriculture [J]. Environ International, 119 (10): 1－19.

Saxena M, Mary S, Sarkar S, 2014. Carbon nanoparticles in 'biochar' boost wheat (Triticum aestivum) plant growth [J]. RSC Advances, 4 (75): 39948－39954.

Sharma S, Singh S, Ganguli A K, et al., 2017. Anti－drift nano－stickers made of graphene oxide for targeted pesticide delivery and crop pest control [J]. Carbon, 115: 781－790.

Sonkar S K, Roy M, Babar D G, 2012. Water soluble carbon nano－onions from wood wool as growth promoters for gram plants [J]. Nanoscale, 4 (24): 7670－7675.

Tripathi S, Sarkar S, 2015. Influence of water soluble carbon dots on the growth of wheat plant [J]. Applied Nanoscience, 5 (5): 609－616.

Villagarcia H, Dervishi E, DeSilva K, et al., 2012. Surface chemistry of carbon nanotubes impacts the growth and expression of water channel protein in tomato plants [J]. Small, 8 (15): 2328－2334.

Wang Q, Wang C, Zhang M C, et al., 2016. Feeding single－walled carbon nanotubes or graphene to silkworms for reinforced silk fibers [J]. Nano Letters, 16 (10): 6695－6700.

Wang X, Liu X, Chen J, 2014. Evaluation and mechanism of antifungal effects of carbon nanomaterials in controlling plant fungal pathogen [J]. Carbon, 68: 798－806.

Wang X, Xie H, Wang Z, et al., 2019. Graphene oxide as a multifunctional synergist of insecticides against lepidopteran insect [J]. Environmental Science: Nano, 6 (1): 75－84.

Wang X X, Sun W J, Ma X M, 2019. Differential impacts of copper oxide nanoparticles and copper (II) ions on the uptake and accumulation of arsenic in rice (Oryza sativa) [J]. Environmental Pollution, 252 (9): 967－973.

Wu X, Zhang H, Meng L, et al., 2012. Graphene for cleanup in trace analysis of pyrethroid insecticides in cucumber and spinach [J]. Chromatographia, 75 (19): 1177-1183.

X Xiao, Y Li, Z Liu, 2016. Graphene Commericialization [J]. Nature Materials (15): 697-698.

Yusong Tu, Min Lv, Xiu P, et al., 2013. Destructive extraction of phospholipids from Escherichia coli membranes by graphene nanosheets [J]. Nature Nanotechnology, 8 (8): 594-601.

Zhang M, Gao B, Chen J, et al., 2015. Effects of graphene on seed germination and seedling growth [J]. Journal of Nanoparticle Research, 17 (2): 78-86.

Zhao G, Li X, Huang M, et al., 2017. The physics and chemistryof graphene-on-surfaces [J]. Chemical Society Reviews, 46 (15): 4417-4449.

Zhenjie Z, Taibo L, Baolin W, et al., 2018. Effects of nano-carbon sol on tobacco cell growth under different culture conditions [J]. Tobacco Science and Techoology, 51 (5): 1-7.

Zhong Y, Nika DL, Balandin A A, 2015. Thermal properties of graphene and few-layer graphene: applications in electronics [J]. IET Circuits Devices and Systems, 9 (1): 4-12.

Zhu Y, Murali S T, Cai W W, et al., 2010. Graphene and Graphene Oxide: Synthesis, Properties, and Applications [J]. Advanced Materials, 22, 3906-3924.

Zou X F, Zhang L, Wang Z J, et al., 2016. Mechanisms of the antimicrobial activities of graphene materials [J]. Journal of the american chemical society, 138 (7): 2064-2077.

# 附　录

# 江苏省石墨烯农业科技推广联盟介绍

## 一、联盟简介

江苏省石墨烯农业科技推广联盟由江苏省现代农业科技产业研究会牵头，联合从事石墨烯研发的科研院所、石墨烯材料制造企业、设施农业制造企业、相关推广部门及新型农业经营主体组成，是全国第一个石墨烯农业科技推广联盟。

### （一）联盟宗旨

立足江苏、面向全国，立足农业、面向农村，推动在农业领域应用石墨烯材料替代传统热源，掀起一场“温室大棚革命”，为全国现代设施农业健康发展、农民增收致富、石墨烯产业发展壮大作出贡献。

### （二）发展途径

联盟遵循“整合资源、优势集成，共建共享、合作共赢”的发展途径，力促政、产、学、研优质资源紧密结合，推动农业科技优势与石墨烯产业优势强强联合，对接各类创新平台协同耦合，实现企业、科研、推广部门深度融合，企业家、科学家和农民多方得益。

### （三）联盟定位

联盟力争打造成江苏唯一、国内第一、国际领先的石墨烯农业科技研发、产品定制、推广服务一体化的合作组织。

### （四）总体目标

着眼于提升农业现代化水平，组织实施石墨烯农业科研攻关，定制生产适用于设施蔬果、畜牧、水产等主导及特色产业的石墨烯产品，发展成为石墨烯农业产品研发总部；注重试验示范与生产实际相结合，变

“由研到产”为“产研互动”，建设成为石墨烯农业应用示范窗口；加强石墨烯农业高新科技宣传交流，通过技术培训、学术论坛等方式发挥辐射带动作用，塑造成为石墨烯农业科研成果的推广中心。

### （五）主要作用

#### 1. 搭建石墨烯研发机构与农业科研院所的桥梁

跟踪石墨烯产业发展动向和前沿技术，有效整合石墨烯产业研发力量与农业科研资源，形成石墨烯农业新型研发机构，围绕石墨烯农业科技关键、共性技术开展联合攻关，突破石墨烯农业应用技术壁垒。

#### 2. 成为石墨烯材料制造企业与设施农业企业的纽带

石墨烯在设施农业、工厂化养殖、种子种苗等产业具有广阔的应用前景。联盟作为“连接纽带”，促进石墨烯产品制造企业与农业设施生产企业对接，引导农业设施产品制造企业和石墨烯产品企业进行创新改造，加快石墨烯农用产品的研发进度。

#### 3. 当好石墨烯农用产品与设施农业经营主体的红娘

联盟立足农业、面向农村，利用农技推广部门的体系优势，对接有条件的设施农业经营主体，打通产品市场渠道，在农业农村领域试验研究、示范集成和推广应用最新石墨烯农业科技成果，使优秀石墨烯农业科技成果落地发展。

### （六）联盟优势

#### 1. 经济大省的政策优势

江苏省委省政府高度重视农业科技创新与推广，坚持科教与人才强省战略，把农业科技创新与人才培养作为推进农业现代化第一驱动力，不断强化农业现代化的科技支撑和人才保障，出台一系列含金量高、针对性强的政策措施，在江苏开展石墨烯农业科技创新，政策环境好，支持力度大。

#### 2. 南京国家农创园的平台优势

联盟总部设在江苏省南京市浦口区行知路8号南京国家农创园，位于江苏自贸区南京江北新区，交通区位优势明显。作为首家国家级现代农业产业科创中心，农创园创新平台建设完善，政府支持力度大、高层次人才集聚、科研资源丰富。

## 二、联盟重大活动

### （一）石墨烯农业科技推广联盟成立

江苏省农业农村厅成立了江苏省石墨烯农业科技推广联盟，江苏省委副书记任振鹤，江苏省委常委、南京市委书记张敬华为联盟揭牌，江南石墨烯研究院、常州第六元素材料科技股份有限公司、常州二维碳素科技有限公司等一大批优秀企业成为联盟会员，并纷纷响应联盟重大活动。联盟通过有效整合农业科研院所、石墨烯研发机构和制造企业、农技推广部门以及相关农业经营主体等优势资源，在科学研究、技术创新、产品研发、转化应用等方面开展实质性合作，形成石墨烯农业科技研发、生产、推广、应用一体化格局，为全国现代农业发展作出积极贡献。

2020 年 5 月 18 日下午，南京国家农创园举行“奋进两周年 聚力再跨越”招商签约大会。时任江苏省委副书记任振鹤，江苏省委常委、南京市委书记张敬华，农业农村部科教司司长廖西元，省委副秘书长赵旻，市委副书记沈文祖等领导出席活动。大会邀请了李德发、赵春江两位院士及数十位部省市区领导、30 多名省内农业科技体系专家及农业龙头企业代表等约 180 名重要嘉宾参会。

任振鹤、张敬华为“南京国家农创园赵其国院士团队功能农业产业化基地”“南京国家农创园李德发院士团队动物营养产业化基地”“农业农村部农产加工品监督检验测试中心（南京）”“南京国际农业创新加速平台”“石墨烯农业科技推广联盟”等 5 个产业化前景好、创新能力强的高端项目揭牌。

揭牌仪式后召开了联盟发展座谈会。省现代农业科技产业研究会负责同志、常务理事及部分理事代表，南京国家农创园代表，石墨烯生产企业代表参加会议。

**（二）开展一个课题研究项目，得到了院士和专家的一致好评**

江苏省农产品品牌中心完成了江苏省农业农村厅乡村振兴软科学课题《加快石墨烯农业新科技产业化发展战略与对策》研究，召开了由万建民院士主持的、省内外有关专家参加的专家咨询会，课题成果得到了省发改委、省农业农村厅、省科技厅、省工信厅等单位领导的高度评价，并一致表示给予大力支持。

**（三）举办一届全国高峰论坛，得到了农业农村部和全国同行专家的充分肯定**

江苏省农业农村厅组织举办了全国“首届石墨烯农业科技创新高峰论坛”，农业农村部、中国农业科学院、北京石墨烯研究院的相关领导专家以及石墨烯企业、设施农业企业、农业推广部门等100多位代表参加，会议反响热烈，成果丰富。

**（四）报送一篇调研报告，得到了农业农村部和省委省政府的重要批示**

在广泛开展国内外文献资料研究和省内外现场考察调研的基础上，吴沛良先生撰写了一篇深度调研报告《用好石墨烯，掀起“温室大棚革命”》，得到了农业农村部和江苏省委省政府领导的充分肯定，农业农村部副部长张桃林，江苏省委副书记任振鹤、副省长赵世勇都作出重要批示。该调研报告在《新华日报》《人民与权力》《江苏农村经济》等多家媒体及“学习强国”平台上发表，并被各大网站广为转载。

**（五）形成一批产学研协同创新研发课题，得到了江苏省科技厅和江苏农业农村厅的大力支持**

江苏省石墨烯农业科技推广联盟召集了江苏农林职业技术学院、苏州农业职业技术学院、江苏农牧科技职业学院、石墨烯生产企业等单位召开了石墨烯农业科技校企协同创新研究对接会，形成了一批校企协同创新的具体课题项目，依托江苏现代农业产业技术体系建立了中试示范基地，并得到了江苏省科技厅和江苏农业农村厅的大力支持。

## 三、联盟会员单位介绍

### （一）江苏中农创石墨烯研究院

江苏中农创石墨烯研究院落地江苏自贸区南京江北新区国家级现代农业产业科技创新中心，是一家以“项目申报、产品研发、试验示范、专利申请、标准制定、推广服务”为核心，致力于打造国内第一、国际领先的石墨烯农业科技研发、产品定制、推广服务一体化的产业引领型高端平台。

江苏中农创石墨烯研究院联合北京石墨烯研究院刘忠范院士团队、沈阳农业大学李天来院士团队、中国农业科学院万建民院士团队等国内顶尖研发团队，重点开展石墨烯电热膜温室大棚智能控温系统研发、石墨烯电热膜设施养殖智能控温系统研发、石墨烯远红外粮食干燥技术与装备研发、石墨烯高效纳米肥料产品研发、石墨烯高效纳米农药产品研发、石墨烯功能性土壤改良剂研发、石墨烯农业水体净化剂研发、石墨烯功能性农用薄膜研发、石墨烯农业传感器研发等。并配套组建一个由种植、畜牧、禽蛋、水产、土肥等各个农业领域高校和科研机构的院士、专家组成的专家咨询委员会以及一个由相关行政职能部门、行业协会和其他社会组织组成的产业推进委员会，作为石墨烯农业科技研发、生产、示范、推广的“实体”和“发力点”，组织实施石墨烯农业科研攻关，定制生产适用于设施蔬果、畜牧、水产等主导及特色产业的石墨烯产品，使之成为石墨烯农业产品的研发中心、石墨烯农业应用的孵化中心和石墨烯农业科研成果的推广中心。

### （二）南京国家现代农业产业科技创新中心

南京国家现代农业产业科技创新中心（简称“南京国家农创中心”），位于南京市浦口区，国家级江北新区和江苏自贸区中心板块，是

2016年12月18日农业农村部批复成立的全国首家、长江三角洲地区唯一一家国家级现代农业产业科技创新中心。农业农村部、江苏省、南京市建立联席会议制度，共同推进南京国家农创中心的发展建设。

南京国家农创中心以“促进产研高度融合、打造农业科技产业”为主题，紧抓现代农业产业需求，突出集聚融合和机制创新。围绕生物农业、智慧农业和功能农业三大主导产业方向，构建“一核四园多基地”总体布局，核心区占地400亩，建设科创载体近百万平方米，目前有3.6万 $m^2$ 众创空间、2.6万 $m^2$ 展示中心已投入使用，56.2万 $m^2$ 科创A地块和6.5万 $m^2$ 公寓式酒店即将建成投用，万亩孵化展示基地已初具形态。围绕“农业硅谷”目标，致力打造“科学家+企业家+金融家”创新生态，联合新希望、中信农业等设立总规模达近20亿元的农业发展基金；签约高科技农业企业项目总数超200个；集聚赵春江、邹学校等10个院士团队，打造集群式农业院士创新基地；与美国硅谷PNP（Plug and Play）共建国际农业创新加速

平台；落户国家农业信息化工程技术研究中心南京创新基地、江苏省农业农村大数据中心等创新平台15个；举办全国“双新双创”博览会、农业农村科技发展高峰论坛、首届全国生物种业创新发展论坛等活动；获评“国家农村创新创业园区”和“江苏省众创社区”和“江苏省星创天地”。农创中心已逐步成为农业科技创新企业集聚区、新型研发机构集聚区、农业科技产业人才集聚区、农业科技产品交易集聚区，努力建成南京创新名城特色名片，打造全国农业科技金字招牌。

## （三）江南石墨烯研究院

江南石墨烯研究院是由常州市人民政府于2011年出资5 000万元组建的事业单位，净资产超过1亿元。截至2020年底，江南石墨烯研究院有职工25人，其中，硕士12人，博士以上人才8人。江南石墨烯研究院已经建成理事会、院务会和运营班子组成的管理体制，聘请冯冠平等专家组成了学术专家委员会。江南石墨烯研究院围绕石墨烯薄膜制备、粉体制备、生物试剂、装备、复合材料、储能材料等领域，建有7个专业实验室和1个分析测试中心，建成研发孵化场地3.4万$m^2$、运营产业用房20多万$m^2$、购置仪器设备3 500多万元，构建了涵盖检验检测、标准认证、创业孵化、信息共享、成果转化、投融资等公共服务体系。

江南石墨烯研究院有健全的组织机构和完善的财务规章制度。目前已经制订了《江南石墨烯研究院财务制度》《组织机构设置》《实验室建设与运行管理办法》《加强财经工作纪律》《技术服务经费管理办法》等规章制度。经历10年建设发展，江南石墨烯研究院争取了“科技部科技服务业行业试点单位”“国家级科技企业孵化器运营单位”“国家标委会石墨烯标准化推进工作组分组单位”“全国钢标委薄层石墨材料工作组承担单位”等21项省级以上品牌。2020年，江南石墨烯研究院作为江苏省常州市新型碳材料集群促进机构，在国家先进制造业集群竞赛决赛中胜出。江南石墨烯研究院已经初步形成集群“策源地”“织网器”和“代言人”的总体能力，具备成为国际一流促进机构的扎实基础。

## （四）江苏绿港现代农业发展股份有限公司

江苏绿港现代农业发展股份有限公司成立于 2010 年 5 月，占地 1 606 亩，是一家以科研为主，集生产、流通、技术服务、培训为一体化的现代农业产业高科技服务企业。2020 年营业收入超 3.8 亿元。主要获批资质有：“宿迁市蔬菜工程技术重点实验室”“江苏省研究生工作站”“江苏省蔬菜良种培育工程技术研究中心”“国家高新技术企业”“江苏省外国专家工作室”“江苏省农业产业化省级重点龙头企业”“江苏省博士后科研创新实践基地”等。

江苏绿港现代农业发展有限公司坚持“以人为本”“唯才是用”，倡导“专业人才是企业第一生产力”，广纳国内外专业能士。现有职工290人，外籍农业专家4人，“双创人才”2人，博士3人，硕士30多人。每年投入科研经费超1 500万元，先后承担苏北科技计划、省科技成果转化等各类项目20余项。目前拥有专利63项，注册商标16项，品种审定3项，新品种保护权12项。

江苏绿港现代化农业发展有限公司是全国最早布局投入现代农业服务领域的企业之一。近十年来全身心投入蔬菜全产业链技术的研究与开发，已经具备较强的农业产业综合服务能力。

江苏绿港现代农业发展股份有限公司始终致力于企业标准化体系建设，已逐步完成水肥一体化企业标准、设施农业企业标准、蔬菜无土栽培技术企业标准、现代化科技示范园企业标准等工作，通过ISO 9001质量和生产标准体系认证。另外，江苏绿港现代农业发展股份有限公司基于水肥一体化的椰糠无土栽培系统，“1+X”现代化科技示范园模式，在现代农业建设的应用前景广阔。

“诚信为本，平等合作，互惠互利，共同发展”是江苏绿港现代农业发展股份有限公司一贯推行的合作理念。目前，江苏绿港现代农业发展股份有限公司已经成功服务200多个现代农业园区，在全国布局100个现代农业产业园，建成50余个现代农业示范园。先进的技术经验，卓越的管理理念以及高效的运营方式广受赞誉。

### （五）江苏省设施农业装备行业协会

江苏省设施农业装备行业协会成立于2020年8月1日，是在江苏省农业农村厅指导下、江苏省民政厅管理下，由相关政府职能部门、企业、高校、科研机构等不同单位共同组成的行业协会。

江苏省设施农业装备行业协会现有会

员单位100多家，会员遍布全国设施农业产业的上下游。协会理事会是协会最高决策机构。协会设有秘书处、会员部、培训部等专职机构，负责协会的日常工作。

### （六）南京源昌新材料有限公司

南京源昌新材料有限公司成立于2019年7月，是一家致力于碳纳米材料研发、生产及应用的高新技术初创企业。南京源昌新材料有限公司位于南京市六合区，交通便利，拥有以海归博士为核心、积极主动创新的技术研发团队以及经验丰富的生产、管理和销售团队，本科以上学历的员工超60%。南京源昌新材料有限公司与中国科学技术大学、南京大学、北京大学、中科院苏州纳米所、中科院宁波材料所、新加坡南洋理工大学、新加坡科技开发局和澳大利亚悉尼大学等国内外多家著名高校和研究院所形成长期产—学—研合作关系，在碳纳米材料的基础和应用研发上保持国际领先水平。南京源昌新材料有限公司拥有一流的研发和生产设备，可以按客户需求进行各类石墨烯和碳纳米管材料的应用开发。主要产品包括：石墨烯/碳纳米管粉体、浆料和远红外发射膜等。南京源昌新材料有限公司为可再生能源、农业、电力、涂料和交通运输等领域客户提供专业的解决方案和技术支持。

**图书在版编目（CIP）数据**

中国石墨烯农业科技创新与推广 / 南京国家现代农业产业科技创新中心，江苏省现代农业科技产业研究会，江苏中农创石墨烯研究院组编．—北京：中国农业出版社，2021.9

ISBN 978-7-109-28672-6

Ⅰ.①中… Ⅱ.①南… ②江… ③江… Ⅲ.①石墨－纳米材料－农业技术－技术革新－研究－中国②石墨－纳米材料－农业科技推广－研究－中国 Ⅳ.①TB383

中国版本图书馆 CIP 数据核字（2021）第 159988 号

---

中国农业出版社出版

地址：北京市朝阳区麦子店街 18 号楼

邮编：100125

责任编辑：彭振雪　　文字编辑：刘慧颖　刘　静

版式设计：王　晨　　责任校对：周丽芳

印刷：北京中兴印刷有限公司

版次：2021 年 9 月第 1 版

印次：2021 年 9 月第 1 版北京第 1 次印刷

发行：新华书店北京发行所

开本：720mm×960mm　1/16

印张：7.5

字数：90 千字

**定价：36.00 元**

---